高等职业教育土木建筑大类专业系列规划教材

# 建设工程投资控制与合同管理

余春春 傅 敏 主 编

清华大学出版社
北京

## 内 容 简 介

本书以建设工程监理的投资控制与合同管理的工作过程为导向,以能力培养为主线,围绕模拟工程施工的背景材料,根据招投标、合同管理和投资控制等典型工作任务,创建了 3 个学习领域,分别对学生的施工、监理招投标文件的编写和研读能力,合同的梳理、对照、判别能力,工程款支付审核和变更索赔处理能力进行训练。全书分为 3 个单元,分别为建设工程招投标、建设工程合同管理和建设工程投资控制。

本书可作为高职高专土建类专业的教学用书,也可供专业技术人员参考使用。

**图书在版编目(CIP)数据**

建设工程投资控制与合同管理/余春春,傅敏主编. —北京:清华大学出版社,2019(2024.2重印)
(高等职业教育土木建筑大类专业系列规划教材)
ISBN 978-7-302-52002-3

Ⅰ. ①建…　Ⅱ. ①余…　②傅…　Ⅲ. ①基本建设投资-控制-高等职业教育-教材 ②建筑工程-经济合同-管理-高等职业教育-教材　Ⅳ. ①F283 ②TU723.1

中国版本图书馆 CIP 数据核字(2019)第 000200 号

责任编辑:杜　晓
封面设计:曹　来
责任校对:李　梅
责任印制:宋　林

出版发行:清华大学出版社
　　　　　网　　　址:https://www.tup.com.cn,https://www.wqxuetang.com
　　　　　地　　　址:北京清华大学学研大厦 A 座　　　　　邮　　编:100084
　　　　　社 总 机:010-83470000　　　　　　　　　　　　邮　　购:010-62786544
　　　　　投稿与读者服务:010-62776969,c-service@tup.tsinghua.edu.cn
　　　　　质量反馈:010-62772015,zhiliang@tup.tsinghua.edu.cn
　　　　　课件下载:https://www.tup.com.cn,010-83470410
印 装 者:三河市人民印务有限公司
经　　销:全国新华书店
开　　本:185mm×260mm　　　　印　　张:9.75　　　　字　　数:233 千字
版　　次:2019 年 2 月第 1 版　　　　　　　　　　　　　　印　　次:2024 年 2 月第 2 次印刷
定　　价:39.00 元

产品编号:082076-01

# 前 言

为适应建筑业高素质、高技能人才培养的需要，在以就业为导向的能力本位的教育目标指引下，我们与教育、企业和行业的专家长期合作，进行了建设工程监理专业的教学研究和教学改革，致力于开发建设为监理行业就业服务的能力训练课程体系，现已完成建设工程投资控制与合同管理能力训练的配套教材的编写。

在开发建设过程中，坚持贯彻行为导向教学法的教学理念和技术，采用任务驱动的方法，将岗位核心能力放到课程中进行训练，让学生不仅对能力有一些认知和对理论知识有一些了解，更重要的是让学生能掌握这些能力，并能返回到职业活动中去完成岗位任务。

本书由浙江省全过程工程咨询与监理管理协会及浙江省建设工程监理联合学院的相关理事单位共同编写，是基于"现代学徒制"育人的监理联合学院的指定教材。本书为创建"浙江省建设工程监理特色专业"而编写，将用于浙江省建设工程监理联合学院"行业—学院—企业"三方共同培养建设工程监理专业高等职业技术应用型和技能型人才。

本书由浙江建设职业技术学院傅敏负责思路的统筹和提纲的确定，由浙江一诚工程咨询有限公司郑嫣负责内容提要的编写，由浙江建设职业技术学院余春春、许雷（企业兼职教师）等负责编写和修改，最后由浙江建设职业技术学院余春春负责统稿。本书由浙江建设职业技术学院黄乐平、梁晓丹主审。本书在编写过程中得到浙江省全过程工程咨询与监理管理协会及浙江省建设工程监理联合学院相关理事单位领导和专家的大力支持、帮助与指导，在此表示由衷的感谢。

由于高职教育的人才培养方法和手段在不断变化、发展和提高，我们所做的工作有许多也是探索和尝试，且由于编者自身的水平和能力有限，难免存在诸多不妥之处，敬请提出宝贵意见。

编　者

2018 年 11 月

# 目 录

# 单元 **1** 建设工程招投标

**1. 知识目标**

（1）了解：建设工程招投标的定义，招投标的实质，评标内容，评标方法，投标策略（施工、监理）。

（2）熟悉：开展招投标活动的原则，工程建设招标分类，工程招投标活动中的法律责任，招标程序、评标程序，标准资格预审文件的组成。

（3）掌握：我国工程项目招标的范围，工程项目招标方式，标准施工、监理招标文件组成，监理投标工作内容。

**2. 能力目标**

（1）能区分招标类型和必须招标的工程项目。

（2）会发布和收集合适的招标信息。

（3）会利用标准文本编制工程招标文件。

（4）会根据招标文件要求整合施工（监理）投标资料。

（5）会进行施工（监理）投标资料的封标和形式要件的审查。

**3. 教学重点、难点和关键点**

（1）重点：我国工程项目招标的范围，工程项目招标方式，招标程序，投标工作内容（施工、监理）。

（2）难点：招投标的实质，评标方法，投标策略（施工、监理）。

（3）关键点：招标文件的内容组成，投标文件的编制（施工、监理）。

# 1.1　建设工程招投标概述

## 1.1.1　建设工程招投标基本概念

**1. 招标**

招标是指招标人事前公布工程、货物或服务等发包业务的相关条件和要求，通过发布广告或发出邀请函等形式，召集自愿参加竞争者投标，并根据事前规定的评选办法选定承包商的市场交易活动。在建筑工程施工招标中，招标人要对投标人的投标报价、施工方案、技术措施、人员素质、工程经验、财务状况及企业信誉等方面进行综合评价，择优选择承包商，并与之签订合同。

**2. 投标**

投标就是投标人根据招标文件的要求，提出完成发包业务的方法、措施和报价，竞争取得业务承包权的活动。

**3. 公开招标**

公开招标又称无限竞争招标,是由招标人以招标公告的方式邀请不特定的法人或者其他组织投标,并通过国家指定的报刊、广播、电视及信息网络等媒介发布招标公告,有意向的投标人接受资格预审、购买招标文件、参加投标的招标方式。

**4. 邀请招标**

邀请招标又称有限竞争性招标,是指招标人以投标邀请书的方式邀请特定的法人或其他组织投标。这种方式不发布公告,招标人根据自己的经验和所掌握的各种信息资料,向具备承担该项工程的施工能力资信良好的 3 个及以上承包商发出投标邀请书,收到邀请书的单位参加投标。

## 1.1.2 建设工程招投标的性质、意义

**1. 性质**

(1)建设工程招标是要约邀请。

(2)投标是要约。

(3)中标通知书是承诺。

**2. 意义**

(1)有利于控制工程投资。历年的工程招投标证明,经过工程招投标的工程,最终造价可节省约 8%,这些费用的节省主要来自施工技术的提高、施工组织的更加合理化。此外,能够减少交易费用,节省人力、物力、财力,从而使工程造价有所降低。

(2)有利于鼓励施工企业公平竞争,不断降低社会平均劳动消耗水平,使施工单位之间的竞争更加公开、公平、公正,对施工单位既是一种冲击,又是一种激励。可促进企业加强内部管理,提高生产效率。

(3)有利于保证工程质量。已建工程是企业的业绩,以后不但会对其资质的评估起到作用,而且会对其以后承接其他项目有至关重要的影响,因而企业会将工程质量放到重要位置。

(4)有利于形成由市场定价的价格体制,使工程造价更加趋于合理。

(5)有利于供求双方更好地相互选择,使工程造价更加符合价值基础。

(6)有利于规范价格行为,使公开、公平、公正的原则得以贯彻。

(7)有利于预防职务犯罪和商业犯罪。

## 1.1.3 我国工程项目招标的范围、规模标准

**1. 必须招标的工程项目的具体招标范围**

1)关系社会公共利益、公众安全的基础设施项目

(1)煤炭、石油、天然气、电力、新能源等能源项目;

(2)铁路、公路、管道、水运、航空以及其他交通运输业等交通运输项目;

(3)邮政、电信枢纽、通信、信息网络等邮电通信项目;

(4)防洪、灌溉、排涝、引(供)水、滩涂治理、水土保持、水利枢纽等水利项目;

(5) 道路、桥梁、地铁和轻轨交通、污水排放及处理、垃圾处理、地下管道、公共停车场等城市设施项目；

(6) 生态环境保护项目；

(7) 其他基础设施项目。

2) 关系社会公共利益、公众安全的公用事业项目

(1) 供水、供电、供气、供热等市政工程项目；

(2) 科技、教育、文化等项目；

(3) 体育、旅游等项目；

(4) 卫生、社会福利等项目；

(5) 商品住宅，包括经济适用住房；

(6) 其他公用事业项目。

3) 使用国有资金投资的项目

(1) 使用各级财政预算资金的项目；

(2) 使用纳入财政管理的各种政府性专项建设基金的项目；

(3) 使用国有企事业单位自有资金，并且国有资产投资者实际拥有控制权的项目。

4) 国家融资项目

(1) 使用国家发行债券所筹资金的项目；

(2) 使用国家对外借款或者担保所筹资金的项目；

(3) 使用国家政策性贷款的项目；

(4) 国家授权投资主体融资的项目；

(5) 国家特许的融资项目。

5) 使用国际组织或者外国政府资金的项目

(1) 使用世界银行、亚洲开发银行等国际组织贷款资金的项目；

(2) 使用外国政府及其机构贷款资金的项目；

(3) 使用国际组织或者外国政府援助资金的项目。

**2. 必须招标的工程项目的规模标准**

(1) 施工单项合同估算价在 400 万元人民币以上的；

(2) 重要设备、材料等货物的采购，单项合同估算价在 200 万元人民币以上的；

(3) 勘察、设计、监理等服务的采购，单项合同估算价在 100 万元人民币以上的；

(4) 其他规模标准应符合国家发展和改革委员会 2018 年 6 月发布的《必须招标的工程项目规定》。

**3. 可以不进行招标的工程项目**

(1) 建设项目的勘察、设计，采用特定专利或者专有技术的，或者其建筑艺术造型有特殊要求的，经项目主管部门批准，可以不进行招标。

(2) 涉及国家安全、国际秘密、抢险救灾或者属于利用扶贫资金实行以工代赈、需要使用农民工等特殊情况，不适宜招标的项目，按国家有关规定可以不进行招标工作。

### 1.1.4　我国工程项目招标的种类

（1）建设项目总承包招标。建设项目总承包又称为"交钥匙"承包，包括可行性研究报告、勘察设计、设备材料询价与采购、工程施工、生产设备、投料试车，直到竣工投产、交付使用全面实行招标和全面投标报价，选择工程总承包企业。

（2）勘察设计招标。对拟建工程的勘察设计任务实行招标，选择勘察设计单位。

（3）工程施工招标。工程施工招标是指招标人就拟建工程发布招标公告或发出投标邀请，依法定方式吸引施工企业参加竞争，招标人从中选择条件优越者完成工程建设任务的法律行为。施工招标是建设项目招标中最有代表性的一种。

（4）建设监理招标。委托监理任务的招标，选择监理单位。

（5）材料设备招标。就拟购买的材料设备招标，选择建设工程材料设备供应商。

（6）工程设计招标。对拟建工程的设计任务实行招标，选择工程设计单位。

### 1.1.5　我国两种招标方式的优缺点

**1. 公开招标**

1）优点

公开招标的优点是投标的承包商多，范围广，竞争激烈，建设单位有较大的选择余地，有利于降低工程造价、提高工程质量、缩短工期。

公开招标是最具竞争性的招标方式，其参与竞争的投标人数量最多，只要符合相应的资质条件，投标人愿意便可参加投标，不受限制，因而竞争程度最为激烈。公开招标可以为招标人选择报价合理、施工工期短、信誉好的承包商创造机会，为招标人提供最大限度的选择范围。

公开招标程序最严密、最规范，有利于招标人防范风险，保证招标的效果，有利于防范招标投标活动操作人员和监督人员出现舞弊现象。

公开招标是适用范围最为广泛、最有发展前景的招标方式。在国际上，招标通常都是指公开招标。在某种程度上，公开招标已成为招标的代名词，《中华人民共和国招标投标法》（以下简称《招标投标法》）规定，凡法律法规要求招标的建设项目必须采用公开招标的方式，若因某些原因需要采用邀请招标的，必须经招标投标管理机构批准。

2）缺点

公开招标也有缺点，如由于投标的承包商多，招标工作量大，组织工作复杂，需投入较多的人力、物力，招标过程所需时间较长。因此，在不违背法律规定的招标投标活动原则的前提下，各地在实践中采取了不同的变通办法。

**2. 邀请招标**

1）优点

邀请招标的优点是目标集中，招标的组织工作较容易，工作量较小。邀请招标程序上比公开招标简化，招标公告、资格审查等操作环节被省略，因此在时间上比公开招标短得多。邀请招标的投标人往往为 3～5 家,比公开招标少,因此评标工作量减少,时间也大大缩短。

2)缺点

邀请招标的缺点是参加的投标人较少,竞争性较差,招标人对投标人的选择范围小。如果招标人在选择邀请单位前所掌握的信息量不足,则会失去发现最适合承担该项目的承包商的机会。由于邀请招标存在上述缺点,因此有关法规对依法必须招标的建设项目,采用邀请招标的方式进行了限制。

《中华人民共和国招标投标法实施条例》(以下简称《实施条例》)规定,国有资金占控股或者主导地位的依法必须进行招标的项目,应当公开招标;但有下列情形之一的,可以邀请招标:

(1)技术复杂、有特殊要求或者受自然环境限制,只有少量潜在投标人可供选择;

(2)采用公开招标方式的费用占项目合同金额的比例过大。

依法必须进行招标的项目有第(2)项所列情形的,按照国家有关规定需要履行项目审批、核准手续的,由项目审批、核准部门在审批、核准项目时作出认定;其他项目由招标人申请,有关行政监督部门作出认定。

国务院发展改革部门指导和协调全国招投标工作,对国家重大建设项目的工程招标投标活动实施监督检查。国务院工业和信息化部、住房和城乡建设部、交通运输部、水利部、商务部等部门,按照规定的职责分工对有关招标投标活动实施监督。

## 1.1.6　工程招投标活动中的法律责任

### 1. 种类

法律责任是指行为人因违反法律规定的或合同约定的义务而应当承担强制性的不良后果。按照招投标人承担责任的不同法律性质,其法律责任分为民事责任、行政责任和刑事责任。

民事责任是指行为人因违反民事法律所规定的义务而应当承担的不利后果。

行政责任是指行为人因违反行政法律规范而依法应当承担的法律后果。

刑事责任是指行为人因实施刑法所规定的犯罪行为应当承担的刑事法律后果。

### 2. 依据

工程招投标活动中依据的法律为《招标投标法》和《实施条例》。

### 3. 违法的法律责任与处理

1)招标人违法的法律责任与处理

(1)规避招标

任何单位和个人不得将依法必须进行招标的项目化整为零或者以其他任何方式规避招标。按《招标投标法》和《实施条例》的规定,凡依法应公开招标的项目,采取化整为零或弄虚作假等方式不进行公开招标的,或不按照规定发布资格预审公告或者招标公告且又构成规避招标的,都属于规避招标的情况。

必须进行公开招标的项目而不招标的,将必须进行公开招标的项目化整为零或者以其他任何方式规避招标的,责令限期改正,可以处项目合同金额 0.5% 以上 1% 以下的罚款。对全部或者部分使用国有资金的项目,可以暂停项目执行或者暂停资金拨付,对单位直接负责的主管人员和其他直接责任人员依法给予处分,是国家工作人员的,可以撤职、降级或开除,情节严重的,依法追究刑事责任。

（2）限制或排斥潜在投标人或者投标人

招标人以不合理的条件限制或者排斥潜在投标人或者投标人的,对潜在投标人或者投标人实行歧视待遇的,强制要求投标人组成联合体共同投标的,或者限制投标人之间竞争的,责令改正,可以处 1 万元以上 5 万元以下的罚款。

（3）招标人多收保证金

招标人超过规定的比例收取投标保证金或者不按照规定退还投标保证金及银行同期存款利息的,由有关行政监督部门责令改正,可以处 5 万元以下的罚款。给他人造成损失的,依法承担赔偿责任。

（4）招标人不按规定与中标人订立中标合同

① 无正当理由不发出中标通知书;

② 不按照规定确定中标人;

③ 在中标通知书发出后无正当理由改变中标结果;

④ 无正当理由不与中标人订立合同;

⑤ 在订立合同时向中标人提出附加条件。

对于此种情况,由有关行政监督部门责令改正,可以处中标项目金额 1% 以下的罚款。给他人造成损失的,依法承担赔偿责任。对单位直接负责的主管人员和其他直接责任人员依法给予处分。

2）投标人违法的法律责任与处理

投标人相互串通投标的,投标人以向招标人或者评标委员会成员行贿的手段谋取中标的,中标无效,可以处中标项目金额的 0.5% 以上 1% 以下的罚款,对单位直接负责的主管人员和其他直接责任人员处单位罚缴金额的 5% 以上 10% 以下的罚款。有违法所得的,并处没收违法所得。情节严重的,取消其 1 年至 2 年内参加依法必须进行招标的项目的投标资格并予以公告,直至由工商行政管理机关吊销营业执照。构成犯罪的,依法追究刑事责任。给他人造成损失的,依法承担赔偿责任。

关于招标人与投标人串通投标,对招标人的处罚,无论是《招标投标法》还是《实施条例》,都没有进行具体的规定,各地有一些具体的处罚细节,而招标人和投标人串通投标,对投标人的处罚与投标人之间相互串标的处罚是一致的。

（1）投标人弄虚作假骗取中标

投标人以行贿手段谋取中标,属于《招标投标法》规定的情节严重行为的,由有关行政监督部门取消其 1 年至 2 年内参加依法必须进行招标的项目的投标资格。

（2）投标人以他人名义投标

投标人有下列行为之一的,属于情节严重行为,由有关行政监督部门取消其 1 年至 3 年内参加依法必须进行招标的项目的投标资格:

① 伪造或变造资格、资质证书或者其他许可证件骗取中标；

② 3 年内 2 次以上使用他人名义投标；

③ 弄虚作假骗取中标，给招标人造成直接经济损失在 30 万元以上；

④ 其他弄虚作假骗取中标情节严重的行为。

投标人以他人名义投标或者以其他方式弄虚作假骗取中标的，中标无效。构成犯罪的，依法追究刑事责任。尚不构成犯罪的，依照《招标投标法》第五十四条的规定处罚。出让或者出租资格、资质证书供他人投标的，依照法律、行政法规的规定给予行政处罚。构成犯罪的，依法追究刑事责任。

3）招标代理机构违法的法律责任与处理

招标代理机构违反规定，在所代理的招标项目中投标、代理投标或者向该项目投标人提供咨询的，接受委托编制标底的中介机构参加受托编制标底项目的投标或者为该项目的投标人编制投标文件、提供咨询的，泄露应当保密的与招投标活动有关的情况和资料的，与招标人或投标人串通损害国家利益、社会公共利益或者他人合法权益的，处 5 万元以上25 万元以下的罚款，对单位直接负责的主管人员和其他直接责任人员处单位罚款数额的5％以上 10％以下的罚款。有违法所得的，并处没收违法所得。情节严重的，暂停直至取消招标代理资格。构成犯罪的，依法追究刑事责任。给他人造成损失的，依法承担赔偿责任。

如果招标代理机构的违法行为影响中标结果，则中标无效。

4）评标专家违法的法律责任与处理

评标委员会成员有下列行为之一的，由有关行政监督部门责令改正。情节严重的，禁止其在一定期限内参加依法必须进行招标的项目的评标。

（1）应当回避而不避；

（2）擅离职守；

（3）不按照招标文件规定的评标标准和方法评标；

（4）私下接触投标人；

（5）向招标人征询确定中标人的意向，或者接受任何单位或个人的明示或者暗示提出的倾向或者排斥特定投标人的要求；

（6）对依法应当否决的投标人不提出否决意见；

（7）暗示或者诱导投标人作出澄清、说明，或者接受投标人主动提出的澄清、说明；

（8）其他不客观、不公正履行职务的行为。

评标委员会成员收受投标人的财物或者其他好处的，没收收受的财物，处 3000 元以上5 万元以下的罚款，取消其担任评标委员会成员的资格，不得再参加依法必须进行招标的项目的评标。构成犯罪的，依法追究刑事责任。

5）监管机构违法的法律责任与处理

项目审批和核准部门不依法审批与核准项目招标范围、招标方式、招标组织形式的，对单位直接负责的主管人员和其他直接责任人员依法给予处分。

有关行政监督部门不依法履行职责，对违反《招标投标法》和《实施条例》规定的行为不依法查处，或者不按照规定处理投诉，不依法公告对招标投标当事人违法行为的行政处理决定的,对单位直接负责的主管人员和其他直接责任人员依法给予处分。

项目审批和核准部门以及有关行政监督部门的工作人员徇私舞弊、滥用职权、玩忽职守,构成犯罪的,依法追究刑事责任。

6) 国家工作人员违法的法律责任与处理

国家工作人员利用职务便利,以直接或者间接,明示或者暗示等方式非法干涉招投标活动,有下列情形之一的,依法给予记过或者记大过处分;情节严重的,依法给予降级或者撤职处分;情节特别严重的,依法给予开除处分;构成犯罪的,依法追究刑事责任。

(1) 要求对依法必须进行招标的项目不进行招标,或者要求对依法应当公开招标的项目不进行公开招标。

(2) 要求评标委员会成员或者招标人将其指定的投标人作为中标候选人或者中标人,或者以其他方式非法干涉评标活动,影响中标结果。

(3) 以其他方式非法干涉招投标活动。

## 1.1.7 我国建设工程招投标概况

### 1. 招投标制度的发展历程
1) 大胆改革和逐步试点期

1980 年 10 月,国务院第一次提出了招投标试点。1982 年,鲁布革水电站引水系统工程是第一个利用世界银行贷款并按世界银行规定进行项目管理的工程,采用国际竞争性招标方式选择总承包单位。

2) 深化期探索和创立期

(1) 颁布《招标投标法》;

(2) 20 世纪 90 年代中后期,建筑行业尝试建立工程交易中心,推行建筑工程招投标活动的集中交易和监管。

3) 基本定型和深入发展期

(1) 明确了强制招标范围;

(2) 规定了公开招标和邀请招标两种招标方式,取消了议标。

### 2. 建设工程交易中心
按照有关规定,所有建设项目报建、发布招标信息、进行投标活动、合同授予、申领施工许可证需要在建设工程交易中心内进行,接受政府有关部门的监督。

建设工程交易中心功能包括:

(1) 信息服务功能;

(2) 场所服务功能;

(3) 集中办公功能。

### 3. 建设工程招投标的监管机构
(1) 住房和城乡建设部:全国最高的招投标管理机构;

(2) 省、自治区和直辖市人民政府建设行政主管部门;

(3) 省、自治区和直辖市下属各级招投标办事机构(招投标办公室)。

# 1.2　建设工程招标与评标

## 1.2.1　施工招标程序

施工招标程序见图1-1。

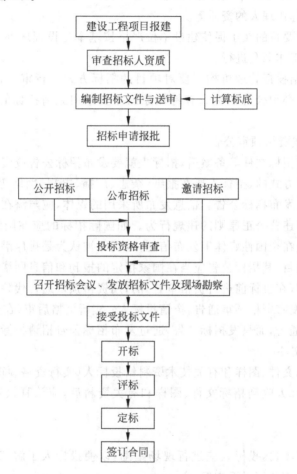

图1-1　施工招标程序

## 1.2.2　施工招标

**1. 公开招标的步骤与要点**

1）招标申请

招标申请时,招投标管理机构首先要对招标人的资格进行审查,不具备规定条件的招标人,须委托具有相应资质的咨询、监理等单位代理招标。其次要对招标项目所具备的条件进行审查,符合条件的方准许进行招标。

  各地一般规定,招标人进行招标,要向招投标管理机构填报招标申请书。招标申请书经批准后,方可编制招标文件和招标控制价,并将这些文件报招投标管理机构备案。招标人或招标代理人也可在申报招标申请书时,一并将已经编制完成的招标文件和招标控制价,报招投标管理机构备案。招投标管理机构对上述文件进行审查认定后,方可发布招标公告或发出投标邀请书。

  招标申请书是招标人向政府主管机构提交的要求开始组织招标的一种文书。其主要内容包括招标工程具备的条件、招标的工程内容和范围、拟采用的招标方式和对投标人的要求、招标人或者招标代理人的资质等。

  上述规定的主要目的在于促使建设单位严格按基本建设程序办事,防止"三边"工程的发生,并确保招标工作顺利进行。

  招标申请时,招投标管理机构还要对项目的招标方式进行审查,凡依法必须招标的项目,没有特殊情况,必须公开招标。有特殊原因需要采用邀请招标的,必须依据《招标投标法》严格审查。

  2) 招标公告或资格预审公告

  招标申请书和招标文件等备案后,招标人就要发布招标公告或资格预审公告。

  采用公开招标方式的,招标人要在报纸、杂志、广播、电视、网络等大众传媒或建筑工程交易中心公告栏上发布招标公告。信息发布所采用的媒体,应与潜在投标人的范围相适应,不相适应的是一种违背公正原则的违规行为。如国际招标的应在国际性媒体上发布信息,全国性招标的就应在全国性媒体上发布信息,否则即被认为是排斥潜在投标人。必须强调,依法必须招标的项目,其招标公告应当在国家指定的报刊和信息网络上发布。

  实行资格预审(在投标前进行资格审查)的,用资格预审通告代替招标公告,即只发布资格预审通告,通过发布资格预审通告,招请投标人;实行资格后审(在开标后进行资格审查)的,不发资格审查通告,而只发招标公告,通过发布招标公告招请投标人。

  3) 发放招标文件

  招标人将招标文件、图样和有关技术资料给投标人(实行资格预审的须通过资格预审获得投标资格)。投标人收到招标文件、图样和有关资料后,应认真核对,并以书面形式予以确认。

  4) 现场踏勘

  对于建设施工项目,投标人应进行现场踏勘,以便投标人了解工程场地和周围环境情况。现场踏勘主要应了解以下内容:

  (1) 施工现场是否达到招标文件规定的条件;

  (2) 施工现场的地理位置、地形和地貌;

  (3) 施工现场的地质、土质、地下水位、水文等情况;

  (4) 施工现场气候条件,如气温、湿度、风力、年降水量等;

  (5) 现场环境,如交通、饮水、污水排放、生活用电、通信等;

  (6) 工程所在施工现场的位置与布置;

  (7) 临时用地、临时设施搭建等。

  5) 招标答疑

  投标人在现场踏勘以及理解招标文件、施工图样时的疑问,可以于招标文件规定的时间前提出。招标人将在招标文件规定的时间前对投标人的疑问作出统一的解答,并以招标补充文件的形式,发放给所有投标人。

6)投标文件的编制与送交

投标人根据招标文件的要求编制投标文件,并在密封和签章后,于投标截止时间前送达规定的地点。

7)开标招标

招标人按招标文件规定的时间、地点,在投标人法定代表人或授权代理人在场的情况下进行开标,把所有投标人递交的投标文件启封公布,对标书的有效性予以确认。

8)评标

由招标人和招标人邀请的有关经济、技术专家组成评标委员会,在招标管理机构监督下,依据评标原则、评标方法,对投标人的技术标和商务标进行综合评价,确定中标候选单位,并排定优先次序。

采用资格后审的,招标人待开标后先对投标人的资格进行审查,经资格审查合格的,方准其进入评标。经资格后审不合格的投标人的投标应作废标处理。

公开招标资格后审和资格预审的主要内容是一样的。

9)定标

中标候选单位确定后,招标人可对其进行必要的询标,然后根据情况最终确定中标单位。但在确定中标人之前,招标人不得与投标人就投标价格、投标方案等实质性内容进行谈判。同时,依法必须招标的项目,招标人应当确定排名第一的中标候选人为中标人。排名第一的中标候选人放弃中标、因不可抗力提出不能履行合同,或者招标文件规定应当提交履约保证金而在规定的期限内未能提交的,招标人可以确定排名第二的中标候选人为中标人。

10)中标通知

中标人确定后,招标人应当向中标人发出中标通知书,同时通知未中标人。中标通知书对招标人和中标人具有法律约束力。中标通知书发出后,招标人改变中标结果或者中标人放弃中标的,应当承担法律责任。

11)合同签订

中标通知书发出之日起30个工作日之内,招标人应当与中标人按照招标文件和中标人投标文件订立书面合同。招标人与中标人签订合同后5个工作日内,应当向中标人和未中标的投标人退还投标保证金。

招标文件规定必须交纳履约保证金的,中标单位应及时交纳。未按招标文件及时交纳履约保证金和签订合同的,将被没收投标保证金,并承担违约的法律责任。

**2. 邀请招标与公开招标的程序的区别**

邀请招标程序与公开招标方式的主要差异是邀请招标无须发布资格预审公告和招标公告,因为邀请招标的投标人是招标人预先通过调查、考察选定的,投标邀请书是由招标人直接发给投标人的。除此之外,邀请招标程序与公开招标程序完全相同。

**3.《标准资格预审文件》的组成**

《标准资格预审文件》共包含封面格式和5章内容,相同序号标示的章、节、条、款、项、目,由招标人依据需要选择其一,形成一份完整的资格预审文件。文件各章规定的内容如下。

1）资格预审公告

（1）招标条件

招标条件主要是简要介绍项目名称、审批机关、批文、业主、资金来源以及招标人情况。其中需要注意的是此处的信息必须与其他地方所公开的信息一致。

（2）项目概况与招标范围

项目概况简要介绍项目的建设地点、规模、计划工期等内容，招标范围主要针对本次招标的项目内容、标段划分及各标段的内容进行概括性的描述。

（3）对申请人的资格要求

审查申请人是否具有独立订立合同的能力，是否具有相应的履约能力等。主要包括以下4点内容：①申请人的资质；②业绩；③投标联合体要求；④标段。

（4）资格预审方法

资格预审方法分为合格制和有限数量制两种，无特殊情况，鼓励采用合格制。

（5）资格预审文件的获取

资格预审文件的获取主要向有意参与资格预审的主体告知与获取文件有关的时间、地点和费用。填写发售时间时应满足不少于5个工作日的要求，售价应当合理，不得以盈利为目的。

（6）资格预审文件的递交

告知提交预审申请文件的截止时间以及预期未提交的后果。在填写具体的申请截止时间时，应当根据有关法律规定和项目具体特点合理确定提交时间。

2）资格预审申请文件

资格预审申请文件应包括下列内容：①资格预审申请函；②法定代表人身份证明；③联合协议书；④申请人基本情况表；⑤近年财务状况表；⑥近年完成的类似项目情况表；⑦正在施工和新承接的项目情况表；⑧近年发生的诉讼及仲裁情况；⑨其他材料。

3）申请人须知

申请人须知包括申请人须知前附表和正文。申请人须知前附表内招标人根据招标项目具体特点和实际需要编制，用于进一步明确正文中的未尽事宜。正文包括9部分内容：①总则，包含项目概况、资金来源和落实情况、招标范围、工作计划和质量要求、申请人资格要求、语言文字以及费用承担等内容；②资格预审文件，包括资格预审文件的组成、资格预审文件的澄清和修改等内容；③资格预审申请文件的编制，包括资格预审申请文件的组成、资格预审申请文件的编制要求以及资格预审申请文件的装订、签字；④资格预审申请文件的递交，包括资格预审申请文件的密封和标识以及资格预审申请文件的递交两部分；⑤资格预审申请文件的审查，包括审查委员会和资格审查两部分内容；⑥通知和确认；⑦申请人的资格改变；⑧纪律与监督；⑨需要补充的其他内容。

4）资格审查方法

资格审查分为资格预审和资格后审两种。

（1）资格预审

对于公开招标的项目，实行资格预审。资格预审是指招标人在投标前按照有关规定的程序和要求公布资格预审公告与资格预审文件，对获取资格预审文件并递交资格预审申请文件的申请人组织资格审查，确定合格投标人的方法。

（2）资格后审

邀请招标的项目，实行资格后审。资格后审是指开标后由评标委员会对投标人资格进行审查的方法。采用资格后审方法的，按规定要求发布招标公告，并根据招标文件中规定的资格审查方法、因素和标准，在评标时审查确认满足投标资格条件的投标人。

资格预审和资格后审不同时使用，二者审查的时间不同，审查的内容一致。一般情况下，资格预审比较适合于具有单件性特点，且技术难度较大或投标文件编制费用较高，或潜在投标人数量较多的招标项目；资格后审适合于潜在投标人数量不多的通用性、标准化项目。通常情况下，资格预审多用于公开招标，资格后审多用于邀请招标。

5）资格预审办法

（1）合格制

① 审查方法。初步审查标准和详细审查标准的申请人均通过资格预审，取得投标人资格。

② 审查标准。包括初步审查标准和详细审查标准两种。

a. 初步审查标准包括申请人的名称；申请函的签字盖章；申请文件的格式；联合体申请人；资格预审申请文件的证明材料以及其他审查因素等。

b. 详细审查标准包括申请人的营业执照、安全生产许可证、资质、财务、业绩、信誉、项目经理资格等内容。

③ 审查程序。包括初步审查、详细审查和资格预审申请文件的澄清。

a. 初步审查即对资格预审申请文件进行初步审查，只要有一项因素不符合审查标准的，就不能通过资格预审。

b. 详细审查即对通过初步审查的资格预审申请文件进行详细审查，有一项不符合标准的，不能通过资格预审。

c. 资格预审申请文件的澄清即审委会要求申请人对文件中不明确内容做必要的澄清或说明。

④ 审查结果包括提交审查报告和重新进行资格预审或招标。

（2）有限数量制

① 审查方法。依据资格预审申请文件的审查标准和程序，按得分由高到低的顺序确定通过资格预审的申请人。

② 审查标准。

a. 初步审查标准和详细审查标准有限数量制与合格制的选择，是招标人基于潜在投标人的多少以及是否需要对人数进行限制。

b. 评分标准。评分因素一般包括财务状况、申请人的类似项目业绩、信誉等相关因素。

③ 审查程序。

a. 审查及资格预审申请文件的澄清有限数量制与合格制在审查程序及资格预审申请文件的澄清两方面基本是相同的。

b. 评分。通过详细审查的申请人不少于3个且没有超过规定数量的，均通过资格预审，不再进行评分。超过规定数量按标准进行评分，按得分由高到低进行排序。

④ 审查结果。

a. 提交审查报告。审查委员会按照规定的程序对资格预审申请文件完成审查后，确定通过资格预审的申请人名单，并向招标人提交书面审查报告。

b. 重新进行资格预审或招标通过详细审查申请人的数量不足 3 个的,招标人重新组织资格预审或不再组织资格预审而直接招标。

**4. 施工招标文件的标准文本**

1) 种类

(1) 简明标准施工招标文件

① 概述。

国家发改委会同工信部、财政部等 9 部委联合发布的《关于印发简明标准施工招标文件和标准设计施工总承包招标文件的通知》,规定《简明标准施工招标文件》和《标准设计施工总承包招标文件》(以下统一简称为《标准文件》)自 2012 年 5 月 1 日起实施。

② 组成。

《简明标准施工招标文件》共分招标公告(或投标邀请书)、投标人须知、评标办法、合同条款及格式、工程量清单、图纸、技术标准和要求、投标文件格式 8 章。《标准设计施工总承包招标文件》共分招标公告(或投标邀请书)、投标人须知、评标办法、合同条款及格式、发包人要求、发包人提供的资料、投标文件格式 7 章。

③ 适用范围。

这两个文件对适用范围作出了明确界定:依法必须进行招标的工程建设项目,工期不超过 12 个月、技术相对简单且设计和施工不是由同一承包人承担的小型项目,其施工招标文件应当根据《简明标准施工招标文件》编制;设计施工一体化的总承包项目,其招标文件应当根据《标准设计施工总承包招标文件》编制。

(2) 标准施工招标文件

《标准施工招标文件》共包含封面格式和四卷八章的内容,第一卷包括第一章至第五章,涉及招标公告(或投标邀请书)、投标人须知、评标办法、合同条款及格式、工程量清单等内容;第二卷由第六章图纸组成;第三卷由第七章技术标准和要求组成;第四卷由第八章投标文件格式组成。标准招标文件相同序号标示的节、条、款、项、目,由招标人依据需要选择其一形成一份完整的招标文件。

2) 标准施工招标文件内容

(1) 招标公告(或投标邀请书)

① 招标公告。

招标公告适用于进行资格预审的公开招标,内容包括招标条件、项目概况与招标范围、投标人资格要求、招标文件的获取、投标文件的递交、发布公告的媒介和联系方式等内容。

② 投标邀请书。

投标邀请书适用于进行资格后审的邀请招标,内容包括被邀请单位名称、招标条件、项目概况与招标范围、投标人资格要求、招标文件的获取、投标文件的递交、确认和联系方式等内容。

③ 投标邀请书(代资格预审通过通知书)。

投标邀请书(代资格预审通过通知书)适用于进行资格预审的公开招标或邀请招标,对通过资格预审申请投标人的投标邀请通知书。内容包括被邀请单位名称、购买招标文件的时间、售价、投标截止时间、收到邀请书的确认时间和联系方式等内容。

(2) 投标人须知

投标人须知包括前附表、正文和附表格式 3 部分。

前附表：针对招标工程列明正文中的具体要求，明确新项目的要求、招标程序中主要工作步骤的时间安排、对投标书的编制要求等内容。

正文有：①总则，包括项目概况、资金来源和落实情况、招标范围、计划工期和质量要求、投标人资格要求等内容；②招标文件，包括招标文件的组成、招标文件的澄清与修改等内容；③投标文件，包括投标文件的组成、投标报价、投标有效期、投标保证金和投标文件的编制等内容；④投标，包括投标文件的密封和标识、投标文件的递交和投标文件的修改与撤回等内容；⑤开标，包括开标时间、地点和开标程序；⑥评标，包括评标委员会和评标原则等内容；⑦合同授予；⑧重新招标和不再招标；⑨纪律和监督；⑩需要补充的其他内容。

附表格式：是招标过程中用到的标准化格式，包括开标记录表、问题澄清通知书格式、中标通知书格式和中标结果通知书格式。

（3）评标办法

评标办法分为经评审的最低投标价法和综合评估法，供招标人根据项目具体特点和实际需要选择使用。每种评标办法都包括评标办法前附表和正文。正文包括评标办法、评审标准和评标程序等内容。

（4）合同条款及格式

合同条款包括通用合同条款、专用合同条款和合同附件格式3部分。通用合同条款包括一般约定、发包人义务、监理人、承包人、材料和工程设备、施工设备和临时设施、交通运输、测量放线、施工安全、治安保卫和环境保护、进度计划、开工和竣工、暂停施工、工程质量、试验与检验、变更、价格调整、计量与支付、竣工验收、缺陷责任与保修责任、保险、不可抗力、违约、索赔、争议的解决。专用合同条款由国务院有关行业主管部门和招标人根据需要编制。合同附件格式包括合同协议书、履约担保、付款担保3个标准格式文件。

（5）工程量清单

工程量清单包括工程量清单说明、投标报价说明、其他说明和工程量清单的格式等内容。

（6）图纸

图纸包括图纸目录和图纸两部分。

（7）技术标准和要求

技术标准和要求由招标人依据行业管理规定和项目特点进行编制。

（8）投标文件格式

投标文件格式包括投标函及投标函附录、法定代表人身份证明（授权委托书）、联合体协议书、投标保证金、已标价工程量清单、施工组织设计、项目管理机构、拟分包项目情况表、资格审查资料、其他材料10个方面的格式或内容要求。

另外，根据《标准文件》的规定，招标人对招标文件的澄清与修改也作为招标文件的组成部分。

**5．施工评标办法**

评标办法是招标人根据项目的特点和要求，参照一定的评标因素和标准，对投标文件进行评价和比较的方法。常用的评标方法分为经评审的最低投标价法（以下简称最低评标价法）和综合评估法两种。

1）最低评标价法

最低评标价法一般适用于具有通用技术、性能标准或者招标人对其技术、性能标准没有特殊要求的招标项目。根据发改委 56 号令的规定,招标人编制施工招标文件时,应不加修改地引用《标准文件》规定的方法。评标办法前附表由招标人根据招标项目具体特点和实际需要编制,用于进一步明确未尽事宜,但务必与招标文件中其他章节相衔接,并不得与《标准文件》的内容相抵触,否则抵触内容无效。经评审的最低评标价法评审因素与评审标准见表 1-1。

表 1-1　经评审的最低评标价法评审因素与评审标准

| | 评审因素 | 评审标准 |
|---|---|---|
| 形式评审标准 | 投标人名称 | 与营业执照、资质证书、安全生产许可证一致 |
| | 投标函签字盖章 | 有法定代表人或其委托代理人签字或加盖单位章 |
| | 投标文件格式 | 符合投标文件格式的要求 |
| | 联合体投标人 | 提交联合体协议书,并明确联合体牵头人 |
| | 报价唯一 | 只能有一个有效报价 |
| | … | … |
| 资格评审标准 | 营业执照 | 具备有效的营业执照 |
| | 安全生产许可证 | 具备有效的安全生产许可证 |
| | 资质等级 | 符合投标人须知规定 |
| | 财务状况 | 符合投标人须知规定 |
| | 类似项目业绩 | 符合投标人须知规定 |
| | 信誉 | 符合投标人须知规定 |
| | 项目经理 | 符合投标人须知规定 |
| | 其他要求 | 符合投标人须知规定 |
| | 联合体投标人 | 符合投标人须知规定(如有) |
| | … | … |
| 响应性评审标准 | 投标报价 | 符合投标人须知规定 |
| | 投标内容 | 符合投标人须知规定 |
| | 工期 | 符合投标人须知规定 |
| | 工程质量 | 符合投标人须知规定 |
| | 投标有效期 | 符合投标人须知规定 |
| | 投标保证金 | 符合投标人须知规定 |
| | 权利义务 | 符合合同条款及格式规定 |
| | 已标价工程量清单 | 符合工程量清单给出的范围及数量 |
| | 技术标准和要求 | 符合技术标准和要求规定 |
| | … | … |
| 施工组织设计评审标准 | 质量管理体系与措施 | … |
| | 安全管理体系与措施 | … |
| | 环境保护管理体系与措施 | … |
| | 工程进度计划与措施 | … |
| | 资源配备计划 | … |
| | … | … |

（1）评标方法

① 评审比较的原则。

最低评标价法是以投标报价为基数,考量其他因素形成评审价格,对投标文件进行评价的一种评标办法。

评标委员会对满足招标文件实质要求的投标文件,根据详细评审标准规定的量化因素及量化标准进行价格折算,按照经评审的投标价由低到高的顺序推荐中标候选人,或根据招标人授权直接确定中标人,但投标报价低于其成本的除外,并且中标人的投标应当能够满足招标文件的实质性要求。经评审的投标价相等时,投标报价低的优先,投标报价也相等的,由招标人自行确定。

② 最低评标价法的基本步骤。

首先,按照初步评审标准对投标文件进行初步评审;其次,依据详细评审标准对通过初步审查的投标文件进行价格折算,确定其评审价格;最后,按照由低到高的顺序推荐 1～3 名中标候选人或根据招标人的授权直接确定中标人。

(2) 评审标准

① 初步评审标准。

根据《标准施工招标文件》的规定,投标初步评审为形式评审标准、资格评审标准、响应性评审标准、施工组织设计和项目管理机构评审标准 4 个方面。

a. 形式评审标准。初步评审的因素一般包括投标人的名称,投标函的签字盖章,投标文件的格式,联合体投标人,投标报价的唯一性,其他评审因素等。审查、评审标准应当具体明了,具有可操作性。比如申请人名称应当与营业执照、资质证书以及安全生产许可证等一致,申请函签字盖章应当由法定代表人或其委托代理人签字或加盖单位公章等。对应于前附表中规定的评审因素和评审标准是列举性的,并没有包括所有评审因素和评审标准,招标人应根据项目具体特点和实际需要,进一步删减、补充和细化。

b. 资格评审标准。资格评审的因素一般包括营业执照、安全生产许可证、资质等级、财务状况、类似项目业绩、信誉、项目经理、其他要求、联合体投标人等。该部分内容分为以下两种情况。

未进行资格预审的,评审标准须与投标人须知前附表中对投标人资质、财务、业绩、信誉、项目经理的要求以及其他要求一致,招标人要特别注意在投标人须知中补充和细化的要求,应在表 1-1 中体现出来。

已进行资格预审的,评审标准须与资格预审申请文件资格审查办法详细审查标准保持一致。在递交资格预审申请文件后、投标截止时间前发生可能影响其资格条件或履约能力的新情况,应按照招标文件中投标人须知的规定提交更新或补充资料。

c. 响应性评审标准。响应性评审的因素一般包括投标内容、工期、工程质量、投标有效期、投标保证金、权利义务、已标价工程量清单、技术标准和要求等。

表 1-1 中所列评审因素已经考虑到了与招标文件中投标人须知等内容衔接。招标人可以依据招标项目的特点补充一些响应性评审因素和标准,如投标人有分包计划的,其分包工作类别及工作量须符合招标文件要求。招标人允许偏离的最大范围和最高项数,应在响应性评审标准中规定,作为判定投标是否有效的依据。

d. 施工组织设计和项目管理机构评审标准。施工组织设计和项目管理机构评审的因素一般包括施工方案与技术措施、质量管理体系与措施、安全管理体系与措施、环境保护管理体系与措施、工程进度计划与措施、资源配备计划、技术负责人、其他主要成员、施工设备、试验和检测仪器设备等。

针对不同项目特点,招标人可以对施工组织设计和项目管理机构的评审因素及其标准进行补充、修改和细化,如施工组织设计中可以增加对施工总平面图、施工总承包的管理协调能力等评审指标,项目管理机构中可以增加对项目经理的管理能力,如创优能力、创文明工地能力以及其他一些评审指标等。

② 详细评审标准。详细评审的因素一般包括单价遗漏和付款条件等。

详细评审标准对规定的量化因素和量化标准是列举性的,并没有包括所有量化因素和标准,招标人应根据项目具体特点和实际需要,进一步删减、补充或细化。例如,增加算术性错误修正量化因素,即根据招标文件的规定对投标报价进行算术性错误修正。还可以增加投标报价的合理性量化因素,即根据本招标文件的规定对投标报价的合理性进行评审。除此之外,还可以增加合理化建议量化因素,即技术建议可能带来的实际经济效益,按预定的比例折算后,在投标价内减去该值。

(3) 评标程序

① 初步评审。

a. 对于未进行资格预审的,评标委员会可以要求投标人提交规定的有关证明以便核验。评标委员会依据上述标准对投标文件进行初步评审,有一项不符合评审标准的,应否决其投标。

对于已进行资格预审的,评标委员会依据评标办法中表 1-1 规定的评审标准对投标文件进行初步评审。有一项不符合评审标准的,应否决其投标。当投标人资格预审申请文件的内容发生重大变化时,评标委员会依据评标办法中表 1-1 规定的评审标准对其更新资料进行评审。

b. 投标报价有算术性错误的,评标委员会按以下原则对投标报价进行修正,修正的价格经投标人书面确认后具有约束力;投标人不接受修正价格的,应当否决该投标人的投标:

投标文件中的大写金额与小写金额不一致的,以大写金额为准;

总价金额与依据单价计算出的结果不一致的,以单价金额为准修正总价,但单价金额小数点有明显错误的除外。

② 详细评审。

a. 评标委员会依据本评标办法中详细评审标准规定的量化因素和标准进行价格折算,计算出评标价,并编制价格比较一览表。

b. 评标委员会发现投标人的报价明显低于其他投标报价,或者在设有标底时明显低于标底,使得其投标报价可能低于其成本的,应当要求该投标人作出书面说明并提供相应的证明材料。投标人不能合理说明或者不能提供相应证明材料的,由评标委员会认定该投标人以低于成本报价竞标,否决其投标。

③ 投标文件的澄清和补正。

a. 在评标过程中,评标委员会可以书面形式要求投标人对所提交的投标文件中不明确的内容进行书面澄清或说明,或者对细微偏差进行补正。评标委员会不接受投标人主动提出的澄清、说明或补正。

b. 澄清、说明和补正不得改变投标文件的实质性内容(算术性错误修正的除外)。投标人的书面澄清、说明和补正属于投标文件的组成部分。

c. 评标委员会对投标人提交的澄清、说明或补正有疑问的,可以要求投标人进一步澄清、说明或补正,直至满足评标委员会的要求。

④ 评标结果。

a. 除授权评标委员会直接确定中标人外,还可以按照经评审的价格由低到高的顺序推荐中标候选人,但最低价不能低于成本价。

b. 评标委员会完成评标后,应当向招标人提交书面评标报告。

评标报告应当如实记载以下内容:基本情况和数据表,评标委员会成员名单,开标记录,符合要求的投标一览表,否决投标的情况说明,评标标准、评标方法或者评标因素一览表,经评审的价格一览表,经评审的投标人排序,推荐的中标候选人名单或根据招标人授权确定的中标人名单,签订合同前要处理的事宜,以及需要澄清、说明、补正事项纪要。

2) 综合评估法

综合评估法是综合衡量价格、商务、技术等各项因素对招标文件的满足程度,按照统一的标准(分值或货币)量化后进行比较的方法。采用综合评估法,可以将这些因素折算为货币、分数或比例系数等,再做比较。

综合评估法一般适用于招标人对招标项目的技术、性能有专门要求的招标项目。与最低评标价法要求一样,招标人编制施工招标文件时,应按照标准施工招标文件的规定进行评标。综合评估法评分表见表 1-2。

表 1-2　综合评估法评分表

| 条 款 内 容 | | 编 列 内 容 |
|---|---|---|
| 分值构成<br>(总分 100 分) | 施工组织设计:　　　分<br>项目管理机构:　　　分<br>投标报价:　　　分<br>其他评分因素:　　　分 | |
| | 评标基准价计算方法 | |
| | 投标报价的偏差率<br>计算公式 | 偏差率＝100％×(投标人报价－评标基准价)÷评标基准价 |
| 施工组织设计<br>评分标准 | 内容完整性和编制水平 | |
| | 施工方案与技术措施 | |
| | 质量管理体系与措施 | |
| | 安全管理体系与措施 | |
| | 环境保护管理体系与措施 | |
| | 工程进度计划与措施 | |
| | 资源配备计划 | |
| | … | |
| 项目管理机构<br>评分标准 | 项目经理任职资格与业绩 | |
| | 其他主要人员 | |
| | … | |
| 投标报价<br>评分标准 | 偏差率 | |
| | … | |
| 其他评审因素<br>评分标准 | | |

（1）评标方法

评标委员会对满足招标文件实质性要求的投标文件，按照评标办法中表1-2所列的分值构成与评分标准规定的评分标准进行打分，并按得分由高到低顺序推荐中标候选人，或根据招标人授权直接确定中标人，但投标报价低于其成本的除外。综合评分相等时，投标报价低的优先；投标报价也相等的，由招标人自行确定。

（2）评审标准

① 初步评审标准。

综合评估法与最低评标价法初步评审标准的参考因素与评审标准等方面基本相同，只是综合评估法初步评审标准包含形式评审标准、资格评审标准和响应性评审标准3部分。因此有关因素与标准可以参照，此处不再赘述。二者之间的区别主要在于综合评估法需要在评审的基础上按照一定的标准进行分值或货币量化。

② 分值构成与评分标准。

a. 分值构成。评标委员会根据项目实际情况和需要，将施工组织设计、项目管理机构、投标报价及其他评分因素分配一定的权重或分值及区间。比如以100分为满分，可以考虑施工组织设计分值为25分，项目管理机构分值为10分，投标报价分值为60分，其他评分因素分值为5分。

b. 评标基准价计算。评标基准价的计算方法应在表1-2中明确。招标人可依据招标项目的特点、行业管理规定给出评标基准价的计算方法。需要注意的是，招标人需要在表1-2中明确有效报价的含义，以及不可竞争费用的处理。

c. 投标报价的偏差率计算。投标报价的偏差率计算公式为

$$偏差率＝100\%×（投标人报价－评标基准价）÷评标基准价$$

d. 评分标准。招标人应当明确施工组织设计、项目管理机构、投标报价和其他因素的评分因素、评分标准，以及各评分因素的权重。如某项目招标文件对施工方案与技术措施规定的评分标准为施工方案及施工方法先进可行，技术措施针对工程质量、工期和施工安全生产有充分保障11～12分；施工方案及施工方法先进可行，技术措施对工程质量、工期和施工安全生产有保障8～10分；施工方案及施工方法可行，技术措施针对工程质量、工期和施工安全生产基本有保障6～7分；施工方案及施工方法基本可行，技术措施针对工程质量、工期和施工安全生产基本有保障1～5分。

招标人还可以依据项目特点及行业、地方管理规定，增加一些标准招标文件中已经明确的施工组织设计、项目管理机构及投标报价外的其他评分因素及评分标准，作为补充内容。

（3）评标程序

① 初步评审。

a. 评标委员会依据规定的评审标准对投标文件进行初步评审。有一项不符合评审标准的，则该投标应当予以否决。

b. 投标报价有算术性错误的，评标委员会按以下原则对投标报价进行修正，修正的价格经投标人书面确认后具有约束力；投标人不接受修正价格的，应当否决该投标人的投标：

投标文件中的大写金额与小写金额不一致的，以大写金额为准；

总价金额与依据单价计算出的结果不一致的，以单价金额为准修正总价，但单价金额小数点有明显错误的除外。

② 详细评审。

a. 评标委员会按规定的量化因素和分值进行打分,并计算出综合评估得分:

按表 1-2 对施工组织设计计算出得分 A;

按表 1-2 对项目管理机构计算出得分 B;

按表 1-2 对投标报价计算出得分 C;

按表 1-2 对其他部分计算出得分 D。

b. 投标人得分＝A＋B＋C＋D。

c. 评标委员会发现投标人的报价明显低于其他投标报价,或者在设有标底时明显低于标底,使得其投标报价可能低于其成本的,应当要求该投标人作出书面说明并提供相应的证明材料。投标人不能合理说明或者不能提供相应证明材料的,由评标委员会认定该投标人以低于成本报价竞标,应否决其投标。

③ 投标文件的澄清和补正。

该部分内容与经评审的最低评标价法一致,在此不再赘述。

④ 评标结果。

该部分内容与经评审的最低评标价法一致,在此不再赘述。

## 1.2.3 监理招标

**1. 招标申请**

(1) 招投标管理机构首先要对招标人的资格进行审查,不具备规定条件的招标人,须委托具有相应资质的咨询单位代理招标;

(2) 招标人进行招标,要向招投标管理机构填报招标申请书;

(3) 招标申请书经批准后,方可编制招标文件和招标控制价,并将这些文件报招投标管理机构备案;

(4) 对项目的招标方式进行审查,凡依法必须招标的项目,没有特殊情况,必须公开招标。

**2. 招标公告或资格预审公告**

(1) 招标申请书和招标文件等备案后,招标人就要发布招标公告或资格预审公告;

(2) 采用公开招标方式的,招标人要在报纸、杂志、广播、电视、网络等大众传媒或建筑工程交易中心公告栏上发布招标公告;

(3) 实行资格预审,只发布资格预审通告;实行资格后审,只发布招标公告。

**3. 发放招标文件**

投标人收到招标文件、图样和有关资料后,应认真核对,并以书面形式予以确认。

**4. 现场踏勘**

(1) 现场是否达到招标文件规定的条件;

(2) 现场的地理位置、地形和地貌;

(3) 施工现场的地质、土质、地下水位、水文等情况;

(4) 施工现场气候条件,如气温、湿度、风力、年降水量等;

(5) 现场环境,如交通、饮水、污水排放、生活用电、通信等。

**5．招标答疑**

投标人在现场踏勘以及理解招标文件、施工图样时的疑问,可以于招标文件规定时间前提出;

招标人将在招标文件规定的时间前对投标人的疑问作出统一的解答,并以招标补充文件的形式,发放给所有投标人。

**6．投标文件的编制与送交**

投标人根据招标文件的要求编制投标文件,并在密封和签章后,于投标截止时间前送达规定的地点。

**7．开标**

招标人按招标文件规定的时间、地点,在投标人法定代表人或授权代理人在场的情况下进行开标,把所有投标人递交的投标文件启封公布,对标书的有效性予以确认。

**8．评标**

由招标人和招标人邀请的有关经济、技术专家组成评标委员会,在招标管理机构监督下,依据评标原则、评标方法,对投标人的技术标和商务标进行综合评价,确定中标候选单位,并排定优先次序。

**9．定标**

(1)招标人可对其进行必要的询标,然后根据情况最终确定中标单位;

(2)在确定中标人之前,招标人不得与投标人就投标价格、投标方案等实质性内容进行谈判;

(3)招标人应当确定排名第一的中标候选人为中标人;

(4)排名第一的中标候选人放弃中标、因不可抗力提出不能履行合同,或者未在规定期限内交履约保证金的,可以确定排名第二的中标候选人为中标人。

**10．中标通知**

中标人确定后,应当向中标人发出中标通知书,同时通知未中标人。

**11．合同签订**

(1)中标通知书发出之日起 30 个工作日之内,招标人应当与中标人按照招标文件和中标人投标文件订立书面合同。招标人与中标人签订合同后 5 个工作日内,应当向中标人和未中标的投标人退还投标保证金。

(2)若招标文件规定必须交纳履约保证金,中标单位应及时交纳;未按招标文件及时交纳履约保证金和签订合同的,将被没收投标保证金,并承担违约的法律责任。

## 1.2.4　工程设计招标

**1．工程设计招标概述**

设计的优劣对工程项目建设的成败有着至关重要的影响。以招标方式委托设计任务,是为了让设计的技术和成果作为有价值的商品进入市场,打破地区、部门的界限开展设计竞争,通过招标择优确定实施单位,达到拟建工程项目能够采用先进的技术和工艺、优化功能布局、降低工程造价、缩短建设周期和提高投资效益的目的。设计招标的特点是投标人将招标人对项目的设想变为可实施方案的竞争。

1）工程设计招标依据

从事工程设计招标时，主要依据的现行法规、规章有国务院 2000 年 9 月发布的《建设工程勘察设计管理条例》及 2015 年 6 月《国务院关于修改〈建设工程勘察设计管理条例〉的决定》对其的修订，国家发展和改革委员会、原建设部、原铁道部、原交通部、原信息产业部、水利部、中国民用航空总局和原国家广播电影电视总局于 2003 年 6 月联合发布的《工程建设项目勘察设计招标投标办法》，以及住建部 2017 年 5 月施行的《建筑工程设计招标投标管理办法》。

此外，在建设工程以外的其他工程领域，也存在着部分规章性的规定，如交通运输部制定的《公路工程勘察设计招标投标管理办法》等，在涉及上述设计招标时，应重点参考相关领域的具体规定。

2）工程设计的含义和阶段划分

建设工程设计是指根据建设工程的要求和地质勘察报告，对建设工程所需的技术、经济、资源、环境等条件进行综合分析、论证，编制建设工程设计文件的活动。根据设计条件和设计深度，建筑工程设计一般分为两个阶段：初步设计阶段和施工图设计阶段。

3）工程设计招标的发包范围

与工程设计的两个阶段相对应，工程设计招标一般分为初步设计招标和施工图设计招标。对计划复杂而又缺乏经验的项目，如被称为"鸟巢"的国家体育场，在必要时还要增加技术设计阶段。为了保证设计指导思想连续贯穿于设计的各个阶段，一般多采用技术设计招标或施工图设计招标，不单独进行初步设计招标，而是由中标的设计单位承担初步设计任务。招标人应依据工程项目的具体特点决定发包的工作范围，可以采用设计全过程总发包的一次性招标，也可以选择分单项或分专业的设计任务发包招标。另外，招标人可以依据工程建设项目的不同特点，实行勘察设计一次性总体招标。

4）工程设计招标程序

设计招标不同于工程项目实施阶段的施工招标、材料供应招标、设备订购招标，其特点表现为承包任务是投标人通过自己的智力劳动，将招标人对建设项目的设想变为可实施的蓝图；而后者则是投标人按设计的明确要求完成规定的物质生产劳动。因此，设计招标文件对投标人所提出的要求不那么明确具体，只是简单介绍工程项目的实施条件、预期达到的技术经济指标、投资限额、进度要求等。投标人按规定分别报出工程项目的构思方案、实施计划和报价。招标人通过开标、评标程序对各方案进行比较选择后确定中标人。鉴于设计任务本身的特点，设计招标通常采用设计方案竞选的方式招标。设计招标与其他招标在程序上的主要区别有以下几个方面。

（1）招标文件的内容不同

设计招标文件中仅提出设计依据、工程项目应达到的技术指标、项目限定的工作范围、项目所在地的基本资料、要求完成的时间等内容，而无具体的工作量。

（2）对投标书的编制要求不同

投标人的投标报价不是按规定的工程量清单填报报价后算出总价，而是首先提出设计构思和初步方案，并论述该方案的优点和实施计划，在此基础上进一步提出报价。

（3）开标形式不同

开标时不是由招标单位的主持人宣读投标书并按报价高低排定标价次序，而是由各投标人自己说明投标方案的基本构思和意图,以及其他实质性内容,而且不按报价高低排定次序。

(4)评标原则不同

评标时不过分追求投标价的高低,评标委员会更多关注于所提供方案的技术先进性、所达到的技术指标、方案的合理性,以及对工程项目投资效应的影响等方面的因素,以此作出一个综合判断。

**2. 工程设计招标管理**

工程设计的招标阶段,涉及的主要环节包括在具备设计招标条件后发布招标公告,投标单位资格预审,编制、发放招标文件等,其中应重点关注以下几个方面。

1)招标方式

建筑工程设计招标依法可以公开招标或者邀请招标。

(1)公开招标

根据国务院批准的由国家发展和改革委员会于2018年6月发布的《必须招标的工程项目规定》下列情形,除了依法获得有关部门批准可以不进行公开招标的,必须实行公开招标:

① 对于单项合同估算价在100万元人民币以上的设计服务的采购;

② 全部或部分使用国有资金投资或者国家融资的工程建设项目设计服务招标;

③ 使用国际组织或者外国政府贷款、援助资金的工程建设项目设计服务招标。

(2)邀请招标

依法必须进行招标的项目,在下列情况下可以进行邀请招标:

① 技术复杂、有特殊要求或者受自然环境限制,只有少量潜在投标人可供选择;

② 采用公开招标方式的费用占项目合同金额的比例过大。

招标人采用邀请招标方式的,应保证有3个以上具备承担招标项目设计能力,并具有相应资质的特定法人或者其他组织参加投标。

2)对投标人的资质审查

(1)资质审查

我国对从事建设工程设计活动的单位,实行资质管理制度,在工程设计招标过程中,招标人应初步审查投标人所持有的资质证书是否与招标文件的要求相一致,是否具备从事设计任务的资格。

根据原建设部颁布的《建设工程勘察设计资质管理规定》,工程设计资质分为工程设计综合资质、工程设计行业资质、工程设计专业资质和工程设计专项资质4类。其中,工程设计综合资质只设甲级;工程设计行业资质、工程设计专业资质、工程设计专项资质设甲级、乙级。根据工程性质和技术特点,个别行业、专业、专项资质可以设丙级,建筑工程专业资质可以设丁级。

取得工程设计综合资质的企业,可以承接各行业、各等级的建设工程设计业务;取得工程设计行业资质的企业,可以承接相应行业相应等级的工程设计业务及本行业范围内同级别的相应专业、专项(设计施工一体化资质除外)工程设计业务;取得工程设计专业资质的企业,可以承接本专业相应等级的专业工程设计业务及同级别的相应专项工程设计业务(设计施工一体化资质除外);取得工程设计专项资质的企业,可以承接本专项相应等级的专项工程设计业务。

建设工程设计单位应当在其资质等级许可的范围内承揽建设工程设计业务。禁止建设工程设计单位超越其资质等级许可的范围或者以其他建设工程设计单位的名义承揽建设工程设计业务。禁止建设工程设计单位允许其他单位或者个人以本单位的名义承揽建设工程设计业务。

(2) 能力和经验审查

判定投标人是否具备承担发包任务的能力,通常要进一步审查人员的技术力量。人员的技术力量主要考察设计负责人的资格和能力,以及各类设计人员的专业覆盖面、人员数量和各级职称人员的比例等是否满足完成工程设计的需要。

同类工程的设计经历是非常重要的内容,因此通过投标人报送的最近几年完成工程项目业绩表,评定他的设计能力与水平。侧重于考察已完成的设计项目与招标工程的规模、性质、形式是否相适应。

3) 设计招标文件的编制

设计招标文件是指导投标人正确编制投标文件的依据,招标人应当根据招标项目的特点和需要编制招标文件。设计招标文件应当包括下列内容:

(1) 投标须知,包含所有对投标要求有关的事项;

(2) 投标文件格式及主要合同条款;

(3) 项目说明书,包括资金来源情况;

(4) 设计范围,对设计进度、阶段和深度要求;

(5) 设计依据的基础资料;

(6) 设计费用支付方式,对未中标人是否给予补偿及补偿标准;

(7) 投标报价要求;

(8) 对投标人资格审查的标准;

(9) 评标标准和方法;

(10) 投标有效期;

(11) 招标可能涉及的其他有关内容。

招标文件一经发出后,需要进行必要的澄清或者修改时,应当在提交投标文件截止日期15 日前,书面通知所有招标文件收受人。

4) 设计要求文件的主要内容

招标文件是招标人向潜在投标人发出的邀约邀请文件,是告知投标人招标项目内容、范围、数量与招标要求、投标资格要求、招标程序规则、投标文件编制与递交要求、评标标准与方法、合同条款与技术标准等招标投标活动主体必须掌握的信息和遵守的依据,对招标投标各方具有法律约束力。招标文件大致包括以下内容:

(1) 设计文件编制依据;

(2) 国家有关行政主管部门对规划方面的要求;

(3) 技术经济指标要求;

(4) 平面布局要求;

(5) 结构形式方面的要求;

(6) 结构设计方面的要求;

(7) 设备设计方面的要求;

（8）特殊工程方面的要求；

（9）其他有关方面的要求，如环保、消防、人防等。

编制设计要求文件应兼顾 3 个方面：严格性，文字表达应清楚不被误解；完整性，任务要求全面不遗漏；灵活性，要为投标人发挥设计创造性留有充分的自由度。

**3. 工程设计投标管理**

设计投标管理阶段的主要环节包括现场踏勘、答疑、投标人编制投标文件、开标、评标、中标、订立设计合同等，其中应重点关注以下两个问题。

1）评标标准

工程设计投标的评比一般分为技术标和商务标两部分，评标委员会必须严格按照招标文件确定的评标标准和评标办法进行评审。评标委员会应当在符合城市规划、消防、节能、环保的前提下，按照投标文件的要求，对投标设计方案的经济、技术、功能和造型等进行比选、评价，确定符合招标文件要求的最优设计方案。通常，如果招标人不接受投标人技术标方案的投标书，即被淘汰，不再进行商务标的评审。虽然投标书的设计方案各异，需要评审的内容很多，但大致可以归纳为以下 5 个方面。

（1）设计方案的优劣

设计方案评审内容主要包括设计指导思想是否正确；设计产品方案是否反映了国内外同类工程项目较先进的水平；总体布置的合理性，场地利用系数是否合理；工艺流程是否先进；设备选型的适用性；主要建筑物、构筑物的结构是否合理，造型是否美观大方并与周围环境相协调；"三废"治理方案是否有效；以及其他有关问题。

（2）投入、产出经济效益比较

投入、产出经济效益比较主要涉及以下几个方面：建筑标准是否合理；投资估算是否超过限制；先进的工艺流程可能带来的投资回报；实现该方案可能需要的外汇估算等。

（3）设计进度快慢

评标投标书内的设计进度计划，看其能否满足招标人制订的项目建设总进度计划要求。大型复杂的工程项目为了缩短建设周期，初步设计完成后进行施工招标，在施工阶段陆续提供施工图。此时应重点审查设计进度是否能满足施工进度要求，避免妨碍或延误施工的顺利进行。

（4）设计资历和社会信誉

不设置资格预审的邀请招标，在评标时还应进行资格后审，作为评审比较条件之一。

（5）报价的合理性

在方案水平相当的投标人之间再进行设计报价的比较，不仅评定总价，还应审查各分项收费的合理性。

**【例 1-1】** 某工程设计的评审要素与标准见表 1-3。

表 1-3 某工程设计的评审要素与标准

| 序号 | 项　目 | 标准分/分 | 评　分　标　准 | 分值/分 | 备注 |
|---|---|---|---|---|---|
| 1 | 强制性标准 | 10 | 完全符合招标文件要求及国家有关规范、标准、规定 | 9～10 | |
| | | | 基本符合招标文件要求及国家有关规范、标准、规定 | 1～8 | |
| | | | 不符合招标文件要求及国家有关规范、标准、规定 | 0 | |

续表

| 序号 | 项 目 | 标准分/分 | 评 分 标 准 | 分值/分 | 备注 |
|------|-------|-----------|-------------|---------|------|
| 2 | 设计说明的编制 | 15 | 有深度、包含设计任务书要求的所有内容 | 9～15 | |
| | | | 深度稍有欠缺、说明中缺少设计任务书要求的各别项目内容 | 2～8 | |
| | | | 深度严重不足、说明中缺少设计任务书要求的大多数项目内容 | 0～1 | |
| 3 | 平面布置 | 25 | 科学、合理、符合规划部门所提各项要求指标 | 15～25 | |
| | | | 欠科学、欠合理、符合规划部门所提各项要求指标 | 1～14 | |
| | | | 不符合规划部门所提各项要求指标 | 0 | |
| 4 | 环境及绿化方案 | 10 | 科学、合理、符合规划部门所提各项要求指标 | 6～10 | |
| | | | 欠科学、欠合理、符合规划部门所提各项要求指标 | 1～5 | |
| | | | 不符合规划部门所提各项要求指标 | 0 | |
| 5 | 交通组织 | 10 | 科学、合理、完善 | 7～10 | |
| | | | 欠科学、欠合理、需完善 | 2～6 | |
| | | | 不科学、不合理 | 0～1 | |
| 6 | 结构设计 | 10 | 科学、合理、符合国家有关规范、标准、规定 | 6～10 | |
| | | | 欠科学、欠合理、符合国家有关规范、标准、规定 | 1～5 | |
| | | | 不符合国家有关规范、标准、规定 | 0 | |
| 7 | 使用功能及布局 | 15 | 科学、合理、完善 | 9～15 | |
| | | | 欠科学、欠合理、需完善 | 2～8 | |
| | | | 不科学、不合理 | 0～1 | |
| 8 | 其他方面（节能） | 5 | 符合国家节能标准 | 5 | |
| | | | 不符合国家节能标准 | 0 | |

2）评标方法的选择

鉴于工程项目设计招标的特点，工程建设项目设计招标评标方法通常采用综合评估法。一般由评标委员会对通过符合初审的投标文件，按照招标文件中详细规定的投标技术文件、商务文件和经济文件的评价内容、因素和具体评分方法进行综合评估。

评标委员会应当在评标完成后，向招标人提出书面评标报告。采用公开招标方式的，评标委员会应当向招标人推荐2～3个中标候选方案。采用邀请招标方式的，评标委员会应当向招标人推荐1～2个中标候选方案。国有资金占控股或者主导地位的依法必须招标的项目，招标人应当确定排名第一的中标候选人为中标人。排名第一的中标候选人放弃中标、因不可抗力提出不能履行合同，不按照招标文件要求提交履约保证金，或者被查实存在影响中标结果的违法行为等情形，不符合中标条件时，招标人可以按照评标委员会提出的中标候选人名单排序依次确定其他人为中标人。依次确定其他中标候选人与招标人预期差距较大，或者对招标人明显不利的，招标人可以重新招标。

## 1.2.5 材料设备采购招标

### 1. 材料设备采购招标概述

建设工程项目所需材料设备的采购按标的物的特点可以区分为买卖合同和承揽合同两

大类。采购大宗建筑材料或通用型批量生产的中小型设备属于买卖合同。由于标的物的规格、性能、主要技术参数均为通用指标,因此招标一般仅限于对投标人的商业信誉、报价和交货期限等方面的比较。而订购非批量生产的大型复杂机组设备、特殊用途的大型非标准部件则属于承揽合同,招标评选时要对投标人的商业信誉、加工制造能力、报价、交货期限和方式、安装(或安装指导)、调试、保修及操作人员培训等各方面条件进行全面比较。通常情况下,材料和通用型生产的中小型设备追求价格低,大型设备追求价格功能比最好。

结合工程实际,一般建筑工程中重要设备包括电梯、配电设备(含电缆)、防火消防设备、锅炉暖通及空调设备、给排水设备、楼宇自动化设备。重要材料包括建筑钢材、水泥、预拌混凝土、沥青、墙体材料、建筑门窗、建筑陶瓷、建筑石材、给排水、供气管材、用水器具、电线电缆及开关、苗木、路灯、交通设施等。

**2. 材料和通用型设备采购招标文件主要内容**

1)采购招标条件

材料和通用型设备采购招标,应当具备下列条件后方可进行:

(1)项目法人已经依法成立;

(2)按照国家有关规定应当履行项目审批、核准或者备案手续的,已经审批、核准或者备案;

(3)有相应资金或者资金来源已经落实;

(4)能够提出货物的使用与技术要求。

2)划分合同包装的基本原则

建设工程所需的材料和中小型设备采购应按实际需要的时间安排招标,同类材料、设备通常为一次招标分期交货,不同设备材料可以分阶段采购。每次招标时,可依据设备材料的性质只发1个合同包或分成几个合同包同时招标。投标的基本单位是合同包,投标人可以投1个或其中的几个合同包,但不能仅对1个合同包中的某几项进行投标。如果采购钢材招标,将钢筋供应作为一个合同包,其中包括 $\phi2$、$\phi8$、$\phi20$、$\phi22$ 等型号,投标人不能仅投其中的某一项,而必须包括全部规格和数量供应的报价。划分采购包的原则是有利于吸引较多的投标人参加竞争以达到降低货物价格,保证供货时间和质量的目的。主要考虑的因素包括以下几种。

(1)有利于投标竞争

按照标的物预计金额的大小恰当地划分合同包。若1个合同包划分过大,中小供应商无力承担;反之,划分过小对有实力的供货商又缺少吸引力。

(2)工程进度与供货时间的关系

分阶段招标的计划应以到货时间满足施工进度计划为条件,综合考虑分批次的交货时间、运输、仓储能力等因素。既不能延误施工的需要,也不应过早到货,以免支出过多保管费用及占用建设资金。

(3)市场供应情况

项目建设需要大量建筑材料和设备,应合理预计市场价格的浮动影响,合理分阶段、分批采购。

(4)资金计划

考虑建设资金的到位计划和周转计划,合理进行分次采购招标。但在安排招标时,招标人不得以不合理的合同包限制或者排斥潜在投标人或者投标人。依法必须进行招标的项目的招标人不得利用分解合同包的方式规避招标。

3) 材料和通用型设备采购招标资格审查

在建设工程项目货物采购招标中,无论采用资格预审还是资格后审的审查方式,合格的投标人均应具有圆满履行合同的能力,只有通过资格审查的投标人才能是合格的投标人。

通常情况下,对投标人资格的具体要求主要有以下几个方面:

(1) 具有独立订立合同的能力;

(2) 在专业技术、设备设施、人员组织、业绩经验等方面具有设计、制造、质量控制、经营管理的相应资格和能力;

(3) 具有完善的质量保证体系;

(4) 业绩良好。要求具有设计、制造与招标设备(或材料)相同或相近设备(或材料)的供货业绩及运行经验,在安装调试运行中未发现重大设备质量问题或已有有效改进措施;

(5) 有良好的银行信用和商业信誉等。

4) 评标

建设工程项目材料设备采购招标评标的特点是不仅要看报价的高低,还要考虑招标人在货物运抵现场过程中可能要支付的其他费用,以及设备在评审预定的寿命期内可能投入的运营、管理费用的多少。如果投标人的设备报价较低但运营费用很高,仍不符合以最合理价格采购的原则。材料设备采购评标,一般采用评标价法或综合评估法,也可以将二者结合使用。技术简单或技术规格、性能、制作工艺要求统一的设备材料,一般采用经评审的最低评标价法进行评标。技术复杂或技术规格、性能、技术要求难以统一的,一般采用综合评估法进行评标。

(1) 评标价法

以货币价格作为评价指标的评标价法,依据标的性质不同可以分为以下几类比较方法。

① 最低评标价法。

采购简单商品、半成品、原材料,以及其他性能、质量相同或容易进行比较的货物时,仅以报价和运费作为比较要素,选择总价格最低者中标。

② 综合评标法。

以投标价为基础,将评审各要素按预定方法换算成相应价格值,增加或减少到报价上形成评标价。采购机组、车辆等大型设备时,较多用这种方法。投标价之外还需考虑以下因素。

a. 运输费用。招标人可能额外支付的运费、保险费和其他费用,如运输超大件设备时需要对道路加宽、桥梁加固所需支出的费用等。换算为评标价时,可按照运输部门(铁路、公路、水运)、保险公司,以及其他有关部门公布的取费标准,计算货物运抵最终目的地将要发生的费用。

b. 交货期。评标时以招标文件的"供货一览表"中规定的交货时间为标准。投标书中提出的交货期早于规定时间,一般不给予评标优惠。因为施工还不需要时的提前到货,不仅不会使招标人获得提前收益,反而要增加仓储保管费和设备保养费。

c. 付款条件。投标人应按招标文件中规定的付款条件报价,对不符合规定的投标,可视为非响应性而予以拒绝。在大型设备采购招标中,如果投标人在投标函内提出了

"若采用不同的付款条件(如增加预付款或前期阶段支付款)可以降低报价"的供选择方案时,评标时也可予以考虑。当要求的条件在可接受范围内,应将偏离要求给招标人增加的费用(资金利息等),按招标文件的规定的贴现率换算成评标时的净现值,加到投标函中提出的更改报价上后作为评标价。如果投标书中提出可以减少招标文件说明的预付款金额,则招标人因延迟支付部分可以少支付的利息,也应以贴现方式从投标价内扣减此值。

　　d. 零配件和售后服务。零配件以设备运行 2 年内各类易损备件的获取途径和价格作为评标要素。售后服务一般包括安装监督、设备调试、提供备件、负责维修、人员培训等工作,评价提供这些服务的可能性和价格。评标时如何对待这两笔费用,视招标文件中的规定区别对待。当这些费用已要求投标人包括在报价之内,评标时不再重复考虑;若要求投标人在报价之外单独填报,则应将其加到投标价上。如果招标文件对此没作任何要求,评标时应按投标书附件中由投标人填报的备件名称、数量计算可能需购置的总价格,以及由投标人自己安排的售后服务价格加到投标价上去。

　　e. 设备性能、生产能力。投标设备应具有招标文件技术规范中要求的生产效率。如果所提供设备的性能、生产能力等某些技术指标没有达到要求的基准参数,则每种参数比基准参数降低 1% 时,应以投标设备实际生产效率成本为基础计算,在投标价上增加若干金额。将以上各项评审价格加到报价上去后,累计金额即为该标书的评标价。

　　③ 以设备寿命周期成本为基础的评标价法。

　　采购生产线、成套设备、车辆等运行期内各种费用较高的货物,评标时可预先确定一个统一的设备评审寿命期(短于实际寿命期),然后再根据投标书的实际情况在报价上加上该年限运行期间所发生的各项费用,再减去寿命期末设备的残值。计算各项费用和残值时,都应按招标文件规定的贴现率折算成净现值。

　　这种方法是在综合评标价的基础上,进一步加上一定运行年限内的费用作为评审价格。这些以贴现值计算的费用包括:

　　a. 估算寿命期内所需的燃料消耗费;

　　b. 估算寿命期内所需备件及维修费用;

　　c. 估算寿命期残值。

　　(2) 综合评估法

　　按预先确定的评分标准,分别对各投标书的报价和各种服务进行评审记分。

　　① 评审记分内容。评审记分主要内容包括投标价格,运输费、保险费和其他费用的合理性,投标书中所报的交货期限,偏离招标文件规定的付款条件影响,备件价格和售后服务,设备的性能、质量、生产能力,技术服务和培训,其他有关内容。

　　② 评审要素的分值分配。评审要素确定后,应根据采购标的物的性质、特点,以及各要素对总投资的影响程度划分权重和积分标准,既不能等同对待,也不应一概而论。表 1-4 是世界银行贷款项目评审要素的分值,供参考。

　　国内建设工程项目货物(设备或材料)采购招标所考虑的评审要素及分值分配,同世界银行贷款项目所考虑的也是大同小异。

　　【例 1-2】 北京某建设工程电梯采购及安装项目的招标,总计采购 44 部客货用电梯,采用综合评估法进行评审,资格审查方式为资格后审,评审要素的分值情况见表 1-5。

表 1-4　世界银行贷款项目评审要素的分值

| 序号 | 评审要素 | 分值/分 |
|---|---|---|
| 1 | 投标报价 | 65～70 |
| 2 | 设备价格 | 0～10 |
| 3 | 技术性能、维修、运行费 | 0～10 |
| 4 | 售后服务 | 0～5 |
| 5 | 标准备件等 | 0～5 |
| 总计 | | 100 |

表 1-5　某建设工程电梯采购及安装项目评审要素的分值

| 序号 | 评审要素 | 分值/分 |
|---|---|---|
| 1 | 投标报价 | 55 |
| 2 | 备品、备件价格 | 5 |
| 3 | 产品的技术规格及性能 | 20 |
| 4 | 现场组织管理机构及人员情况 | 3 |
| 5 | 工程质量保证计划 | 5 |
| 6 | 企业供货业绩及运营经验 | 5 |
| 7 | 售后维修服务情况 | 4 |
| 8 | 企业财务状况及银行信用 | 3 |
| 总计 | | |

综合评估法的优点是简便易行，评标考虑要素较为全面，可以将难以用金额表示的某些要素量化后加以比较。缺点是各评标委员独自给分，对评标人的水平和知识面要求高，否则主观随意性大。投标人提供的设备型号各异，难以合理确定不同技术性能的相关分值差异。

# 1.3　建设工程投标

## 1.3.1　工程投标的一般程序

**1. 投标程序**

具体的投标流程可以按照图 1-2 投标工作程序框图所列的步骤进行。

**2. 投标文件的编制**

1）投标文件的组成

（1）投标函及投标函附录；

（2）法人身份证明或有效的法人代表人的授权委托书；

（3）联合体投标协议书；

（4）投标保证金；

（5）报价书；

（6）技术标；

（7）项目管理机构；

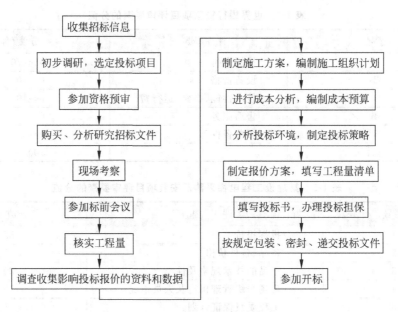

图 1-2　投标工作程序框图

（8）拟分包项目的情况表；

（9）对招标文件中的合同协议条款内容的确认和响应。

2）投标文件的编制步骤

（1）准备工作；

（2）编制施工组织设计；

（3）校核或计算工程量；

（4）计算投标价；

（5）编制投标文件。

## 1.3.2　施工单位投标技巧与策略

### 1. 投标技巧

技巧是操作的技术和窍门，是实现中标目标不可缺少的艺术。投标单位有了投标取胜的实力还不行，还必须有将这种实力变为投标实现的技巧。它的作用在于：一是使实力较强的投标单位取得满意的投标成果；二是使实力一般的投标单位争得投标报价的主动地位；三是当报价出现某些失误时，可以得到某些弥补。因此，对投标单位来讲，必须十分重视对投标报价技巧的研究和使用。

投标时，既要考虑自己公司的优势和劣势，也要分析投标项目的整体特点，按照工程的类别、施工条件等考虑报价策略。

（1）一般来说下列情况报价可高一些：

① 施工条件差（如场地狭窄、地处闹市）的工程；

② 专业要求高的技术密集型工程，而本公司这方面有专长，声望也高时；

③ 总价低的小工程，自己不愿做而被邀请投标时，不便于不投标的工程；

④ 特殊的工程,如港口码头工程、地下开挖工程等;

⑤ 业主对工期要求急的工程;

⑥ 投标对手少的工程;

⑦ 支付条件不理想的工程。

(2) 下述情况报价应低一些:

① 施工条件好的工程,工作简单、工程量大而一般公司都可以做的工程。如大量的土方工程,一般房建工程等;

② 本公司目前急于打入某一市场、某一地区,以及虽已在某地区经营多年,但即将面临没有工程的情况(某些国家规定,在该国注册公司一年内没有经营项目时,就撤销营业执照),机械设备等无工地转移时;

③ 附近有工程而本项目可以利用该项工程的设备、劳务或有条件短期内突击完成的;

④ 投标对手多,竞争激烈时;

⑤ 非急需工程;

⑥ 支付条件好,如现汇支付。

**2. 投标报价策略**

1) 不平衡报价法

不平衡报价法也叫前重后轻法,是指一个工程项目的投标报价,在总价基本确定后,如何调整内部各个项目的报价,以期既不提高总价,不影响中标,又能在结算时得到更理想的经济效益。一般可以在以下几个方面考虑采用不平衡报价法。

(1) 能够早日结账收款的项目(如开办费、土石方工程、基础工程等)可以报得高一些,以利于资金周转,后期工程项目(如机电设备安装工程,装饰工程等)可适当降低。

(2) 经过工程量核算,预计今后工程量会增加的项目,单价适当提高,这样在最终结算时可多赚钱,而将工程量可能减少的项目单价降低,工程结算时损失不大。

(3) 设计图纸不明确,估计修改后工程量要增加的,可以提高单价,而工程内容说不清的,则可降低一些单价。

(4) 暂定项目,又叫任意项目或选的项目,对这类项目要具体分析,因这一类项目要开工后再由业主研究决定是否实施,由哪一家承包商实施。如果工程不分标,只由一家承包商施工,则其中肯定要做的单价可高一些,不一定做的则应低一些。如果工程分标,该暂定项目也可能由其他承包商实施时,则不宜报高价,以免抬高总包价。

(5) 没有工程量只报单价的项目,其单价可以适当高些,这样既不影响总价又可以多获利。

2) 多方案报价法

对同一个招标项目除了按招标文件的要求编制一个投标报价外,可再编制一个或者几个建议方案。如果发现有些招标文件工程范围不很明确,条款不清楚或很不公正,技术规范要求过于苛刻时,或者发现图纸中存在某些不合理并可以改进的地方,则要在充分评估风险的基础上,按多方案报价处理。投标人应该对原招标文件的设计方案仔细研究,提出更合理的方案以吸引招标人,但要注意的是对原招标方案一定也要报价,以供招标人比较。

3) 突然降价法

突然降价法是迷惑竞争对手而采用的一种竞争方法,即先按一般情况报价或表现出自已对该工程兴趣不大,到快要投标截止时,才突然降价。采用这种方法时,一定要在准备投标报价的过程中考虑好降价的幅度,在临近投标截止日期前,根据项目信息与分析判断,再做最后的决策,并压低投标价。采用这种报价的好处是可以根据最后的信息,在递交投标文件的最后时刻,提出自己的竞争价格,使竞争对手措手不及。

4)先亏后盈法

对于大型分期建设的工程,在第一期工程投标时,可以将部分间接费分摊到第二期工程中去,并减少利润以争取中标。这样在第二期工程投标时,凭借第一期工程的经验,临时设施以及创立的信誉,比较容易拿到第二期工程。

5)许诺优惠条件

投标报价附带优惠条件是行之有效的一种手段。招标人评价时,除了主要考虑报价和技术方案外,还要分析其他的条件,如工期、支付条件等。所以在投标时主动提出提前竣工、低息贷款、赠给施工设备、免费转让新技术或某种技术专利、免费技术协作、代为培训人员等,均是吸引招标人、利于中标的辅助手段。

6)低价投标夺标法

低价投标夺标法是非常情况下采用的非常手段。比如,企业大量窝工,为减少亏损或者打入市场,宁可目前少盈利或者不盈利,或者是先亏后盈法,以此夺标。但是运用此法一定要注意结合企业实际情况决策。

总之,对于承包商而言,应针对工程的实际情况,综合考虑各种主客观因素,仔细研究招标文件,运用合理的投标策略,编制一份完美的投标文件,使企业既能中标又能获得丰厚的利润,保证在承包市场的竞争地位。

## 1.3.3 监理单位投标技巧与策略

### 1. 概念

建设工程监理投标策略的合理制定和成功实施关键在于对影响投标因素的深入分析、招标文件的把握和深刻理解、投标策略的针对性选择、项目监理机构的合理设置、合理化建议的重视以及答辩的有效组织等环节。

### 2. 深入分析影响投标的因素

深入分析影响投标的因素是制定投标策略的前提。针对建设工程监理特点,结合中国监理行业现状,可将影响投标决策的因素大致分为"正常因素"和"非正常因素"两大类,其中,"非正常因素"主要是指受各种人为因素影响而出现的"假招标""权力标""陪标""低价抢标""保护性招标"等,这均属于违法行为,应予以禁止,此处不讨论。对于"正常因素",根据其性质和作用可归纳为以下4类。

1)分析建设单位(买方)

招投标是一种买卖交易,在当今建筑市场属于买方市场的情况下,工程监理单位要想中标,分析建设单位(买方)因素是至关重要的。

(1)分析建设单位(买方)对中标人的要求和建设单位提供的条件。

(2)分析建设单位(买方)对于工程建设资金的落实和筹措情况。

(3)分析建设单位(买方)领导层核心人物及下层管理人员资质、能力、水平、素质等,特别是对核心人物的心理分析更为重要。

(4) 如果在建设工程监理招标时,施工单位事先已经被选定,建设单位与施工单位的关系也是工程监理单位应关心的问题之一。

2) 分析投标人(卖方)自身

(1) 根据企业当前经营状况和长远经营目标,决定是否参加建设工程监理投标。如果企业经营管理不善或因其他经济环境变化,造成企业生产危机,就应考虑"生存型"投标,即使不盈利甚至赔本也要投标;如果企业希望开拓市场、打入新的地区(或领域),可以考虑"竞争型"投标,即使低盈利也可投标;如果企业经营状态很好,在某些地区已打开局面,对建设单位有较好的名牌效应,信誉盈利较高时,可采取"盈利型"投标,即使困难大,困难多一些,也可以参与竞争,以获取丰厚利润和社会经济效益。

(2) 量力而行。目前,许多工程监理单位都出现任务不饱满的情形,因此需要尽可能积极参与投标,尤其是针对建设单位(买方)的项目。

(3) 采用联合体投标,可以扬长避短。

3) 分析竞争对手

商场即战场,我们的取胜就意味着对手的失败,要击败对手,就必然要对竞争者进行分析。综合起来,要从以下几个方面分析对手:

(1) 分析竞争对手的数量和实际竞争对手,以往同类工程投标竞争的结果,竞争对手的实力等;

(2) 分析竞争对手的投标积极性;

(3) 了解竞争对手决策者情况。

4) 分析环境和条件

(1) 要分析施工单位。

(2) 要分析工程难易程度。

(3) 要分析水文、气候、地形地貌等自然条件及工作环境的艰苦程度。

(4) 要分析设计单位的水平和人员素质。

(5) 要分析工程所在地社会文化环境,特别是当地政府与人民群众的态度等。

(6) 要分析工程条件和环境风险,项目监理机构设置、人员配备、交通和通信设备的购置、工作生活的安置以及所需费用列支,都离不开对上述环境和条件的分析。

**3. 把握和深刻理解招标文件精神**

招标文件是建设单位对所需服务提出的要求,是工程监理单位编制投标文件的依据。因此,把握和深刻理解招标文件精神是制定投标策略的基础。工程监理单位必须详细研究招标文件,吃透其内容及精神,才能在编制投标文件中全面、最大限度、实质性地响应招标文件的要求。

在领取招标文件时,应根据招标文件目录仔细检查其是否有缺页、字迹模糊等情况。若有,应立即或在招标文件规定的时间内,向招标人换取完整无误的招标文件。

研究招标文件时,应先了解工程概况、工期、监理工作范围与内容、监理目标要求等。如对招标文件有疑问需要解释的,要按招标文件规定的时间和方式,及时向招标人提出询问。招标文件的书面修改也是招标文件的组成部分,投标单位也应予以重视。

**4. 选择有针对性的投标策略**

1）以信誉和口碑取胜

该策略适用于特大、有代表性或有重大影响力的工程，因为这样的工程的招标人注重工程监理单位的服务品质。因此，凭借在行业和客户中长期形成的信誉与口碑，工程监理单位争取招标人的信任和支持，不参与价格竞争。

2）以缩短工期等承诺取胜

工程监理单位如对于某类工程的工期很有信心，可作出对于招标人有利的保证，靠此吸引招标人的注意。同时，工程监理单位需向招标人提出保证措施和惩罚性条款，确保承诺的可实施性，此策略适用于建设单位对工期等因素比较敏感的工程。

3）以附加服务取胜

目前，随着建设工程复杂性程度的加大，招标人对于前期配套、设计管理等外延的服务需求越来越强烈，但招标人限于工程概算的限制，没有额外的经费聘请能提供此类服务的项目管理单位，如工程监理单位具有工程咨询、工程设计、招标代理、造价咨询及其他相关的资质，可在投标过程中向招标人推介此项优势。此策略适用于工程项目前期建设较为复杂、招标人组织结构不完善、专业人才和经验不足的工程。

4）适应长远发展的策略

中标目的不在于当前招标工程上获利，而着眼于发展，争取将来的优势，如为了开辟新市场、参与某项有代表意义的工程等，宁可在当前招标工程中以微利甚至无利价格参与竞争。

**5. 充分重视项目监理机构的合理设置**

充分重视项目监理机构的合理设置是实现监理投标策略的保证。由于监理服务性质的特殊性，监理服务的优劣不仅依赖于监理人员是否遵循规范化的监理程序和方法，更取决于监理人员的业务素质、经验、分析问题、判断问题和解决问题的能力以及风险意识。因此，招标人会特别注重项目监理机构的设置和人员配备情况。工程监理单位必须选派与工程要求相适应的总监理工程师，配备专业齐全、结构合理的现场监理人员。具体操作中应特别注意以下几点。

（1）项目监理机构成员应满足招标文件要求。有必要的话，可提交一份工程监理单位支撑本工程的专家名单。

（2）项目监理机构人员名单应明确每一位监理人员的姓名、性别、年龄、专业职称、拟派职务、资格等，并以横道图形式明确每一位监理人员拟派驻现场及退场时间。

（3）总监理工程师应具备同类建设工程监理经验，有良好的组织协调能力。若工程项目复杂或者考虑特殊管理需求，可考虑配备总监理工程师代表。

（4）对总监理工程师及其他监理人员的能力和经验介绍要尽量做到翔实，重点说明现有人员配备对完成建设工程监理任务的适应性和针对性等。

**6. 重视提出合理化建议**

招标人往往会比较关心投标人此部分内容，借此了解投标人的专业技术能力、管理水平以及投标人对工程的熟悉程度和关注程度等，从而提升招标人对工程监理单位承担和完成监理任务的信心。因此，重视提出合理化建议是促进投标策略实现的有力措施。

**7. 有效组织项目监理团队答辩**

为了提升工程监理单位的中标率,有效组织项目监理团队答辩是关键,而项目监理团队答辩的关键是总监理工程师的答辩,总监理工程师是否成功答辩已成为招标人和评标委员会选择工程监理单位的重要依据。总监理工程师参加答辩会,应携带答辩提纲和主要参考资料。另外,还应带上笔和笔记本,以便将专家提出的问题记录下来。

在进行充分准备的基础上,要树立信心,消除紧张、慌乱心理,才能在答辩时有良好表现。答辩时要集中注意力,认真聆听,并将问题简略记在笔记本上,仔细推敲问题的要害和本质,切忌未弄清题意就匆忙作答。要充满自信地以流畅的语言和肯定的语气将自己的见解讲述出来。回答问题时,一要抓住要害,简明扼要;二要力求客观、全面、辩证,留有余地;三要条理清晰,层次分明。如果对问题中有些概念不太理解,可以请提问专家做些解释,或者将自己对问题的理解表达出来,并问清是不是该意思,得到确认后再作回答。

## 1.3.4 工程施工投标与报价

**1. 施工单位投标的工作内容**

1)研究招标文件

投标单位报名参加或接受邀请参加某一工程的投标,通过了资格审查,取得招标文件之后,首要的工作就是认真仔细地研究招标文件,充分了解其内容和要求,以便有针对性地安排投标工作。研究招标文件,重点应放在投标者须知、合同条款、设计图纸、工程范围以及工程量表上,当然对技术规范要求也要看清楚有无特殊要求。对于招标文件中的工程量清单,投标者一定要进行校核,因为这直接影响到投标报价及中标机会,例如当投标者大体上确定了工程总价之后,可适当采用报价技巧,如不平衡报价法;对某些项目工程量可能增加的,可以提高单价;对某些工程量估计会减少的,可以降低单价。如发现工程量有重大出入的,特别是漏项的,必要时可找业主核对,要求业主认可,并给予书面声明,这对于总价固定合同,尤为重要。

2)调查投标环境

所谓投标环境,就是招标工程施工的自然条件、经济条件和社会条件,这些条件都是对工程施工的制约因素,必然会影响到工程成本,是投标单位报价时必须考虑的,所以在报价前要尽可能了解清楚。其内容包括:

(1)工程的性质与其他工程之间关系;

(2)拟投标的那部分工程与其他承包商或分包商之间的关系;

(3)工地地貌、地质、气候、交通、电力、水源等情况,有无障碍物等;

(4)工地附近有无住宿条件,料场开采条件,其他加工条件,设备维修条件等;

(5)工地所在地的社会治安情况等。

3)制定施工方案

施工方案是投标报价的一个前提条件,也是招标单位评标时要考虑的因素之一。施工方案应由投标单位的技术负责人主持制定。制定方案时,主要应考虑施工方法、主要施工机具的配置、各工种劳动力的安排及现场施工人员的平衡、施工进度及分批竣工的安排、安全措施等。施工方案的制定应在技术、工期和质量等方面对招标单位有吸引力,同时又有助于降低施工成本。施工方案制定主要包括以下内容。

（1）选择和确定施工方法。根据工程类型，研究可以采用的施工方法。对于一般的土方工程、混凝土工程、房建工程、灌溉工程等比较简单的工程，则结合已有施工机械及工人技术水平来选定施工方法，努力做到节省开支，加快进度。对于大型复杂工程则要考虑几种施工方案，综合比较。如水利工程中的施工导流方式，对工程造价及工期均有很大影响。承包商应结合施工进度计划及施工机械设备能力研究确定。又如地下开挖工程，开挖隧洞或洞室，则要进行地质资料分析，确定开挖方法（用掘进机，还是钻孔爆破法……），确定支洞、斜井数量、位置、出渣方法、通风等。

（2）选择施工设备和施工设施。一般与研究施工方法同时进行。在工程估价过程中还要不断进行施工设备和施工设施的比较，利用旧设备还是采购新设备，在国内采购还是在国外采购，设备的型号、配套、数量（包括使用数量和备用数量），还应研究哪些类型的机械可以采用租赁办法，特殊的、专用的设备折旧率要单独考虑，订货设备清单中还要考虑辅助和修配用机械，以及备用零件，在订购外国机械时也应注意这一点。

（3）编制施工进度计划。编制施工进度计划应紧密结合施工方法和施工设备的选定。施工进度计划中应提出各时段内应完成的工程量及限定日期。施工进度计划可采用网络进度或线条进度，根据招标文件要求而定。在投标阶段，一般用线条进度即可满足要求。

4）投标计算

投标计算是投标单位对承建招标工程所要发生的各种费用的计算。在进行投标计算时，必须首先根据招标文件复核或计算工程量。作为投标计算的必要条件，应预先确定施工方案和施工进度，此外，投标计算还必须与采用的合同形式相协调。报价是投标的关键性工作，报价是否合理直接关系到投标的成败。

5）确定投标策略

正确的投标策略对提高中标率并获得较高的利润有重要作用。常用的投标策略有以信誉取胜、以低价取胜、以缩短工期取胜、以改进设计取胜，同时也可采取以退为进策略、以长远发展为目标策略等。综合考虑企业目标、竞争对手情况、投标策略等多种因素后作出报价等决策。

6）编制正式投标书

投标报价决策作出后，投标单位应按招标单位的要求编制投标书，并在规定时间内将投标文件投送到指定地点，并参加开标。

**2. 监理单位投标的工作内容**

工程监理单位投标的工作内容包括投标决策、投标策划、投标文件编制、开标及答辩、投标后评估等内容。

1）投标决策

投标决策主要包括两方面内容：一是决定是否参与竞标；二是如果参加投标，应采取什么样的投标策略。常用的投标决策定量分析方法有综合评价法和决策树分析法。投标决策的正确与否，关系到工程监理单位能否中标及中标后经济效益。

（1）投标决策原则

投标决策要从工程特点与工程监理企业自身需求之间选择最佳结合点。为实现最优盈利目标，可以参考以下基本原则进行投标决策：

① 充分衡量自身人员和技术实力能否满足工程项目要求,且要根据工程监理单位自身实力、经验和外部资源等因素确定是否参与竞标。

② 充分考虑国家政策、建设单位信誉、招标条件、资金落实情况等,保证中标后工程项目能顺利实施。

③ 由于目前工程监理单位普遍存在注册监理工程师稀缺、监理人员数量不足的情况,因此在一般情况下,工程监理单位与其将有限人力资源分散到几个小工程投标中,不如集中优势力量参与一个较大建设工程的监理投标。

④ 对于竞争激烈、风险特别大或把握不大的工程项目,应主动放弃投标。

(2) 投标决策定量分析方法

① 综合评价法。

综合评价法是指决策者决定是否参加某建设工程监理投标时,将影响其投标决策的主客观因素用某些具体指标表示出来,并定量地进行综合评价,以此作为投标决策依据。

a. 确定影响投标的评价指标;

b. 确定各项评价指标权重;

c. 各项评价指标评分;

d. 计算综合评价总分;

e. 决定是否投标。

② 决策树分析法。

工程监理单位有时会同时收到多个不同或类似建设工程监理投标邀请书,而工程监理单位的资源是有限的,若不分重点地将资源平均分布到各个投标工程,则每一个工程中标的概率都很低。为此,工程监理单位应针对每项工程特点进行分析,比较和选择不同方案,以期选出最佳投标对象。这种多项目多方案的选择,通常可以应用决策树分析法进行定量分析。

a. 适用范围:决策树分析法适用于风险型决策分析。为了帮助决策者对行动方案作出抉择,用树状图的形式表示决策过程,分析事件出现的概率和损益期望值;

b. 基本原理:决策树是模拟树木成长过程,从出发点(也称决策点)开始不断分枝表示所分析问题的各种发展可能性,并以分枝的期望值中最大(或最小)者作为选择依据;

c. 决策过程:决策树分析法的决策过程如下:先根据已知情况绘出决策树,再计算期望值;

d. 确定决策方案:在比较方案时,若考虑的是收益值,则取最大期望值;若考虑的是损失值,则取最小期望值。根据计算的期望值和决策者的才智与经验进行分析,作出最后的判断。

2) 投标策划

建设工程监理投标策划是指从总体上规划工程监理投标活动的目标、组织、任务分工等,通过严格的管理过程,提高投标效率和效果,主要包括:

(1) 明确投标目标,决定资源投入;

(2) 成立投标小组并确定任务分工。

3) 投标文件编制

(1) 基本原则

① 响应招标文件,保证不被废标;

② 认真研究招标文件,深入领会招标文件意图;

③ 投标文件要内容详细、层次分明、重点突出。

（2）监理大纲的编制

工程监理投标文件的核心是反映监理服务水平高低的监理大纲，尤其是针对工程具体情况制定的监理对策，以及向建设单位提出的原则性建议等。监理大纲一般应包括以下主要内容：

① 工程概述；

② 监理依据和监理工作内容；

③ 工程监理实施方案；

④ 工程监理难点、重点及合理化建议。

4）开标及答辩

（1）开标

参加开标是工程监理单位需要认真准备的投标活动，应按时参加开标，避免废标情况发生。

（2）答辩

工程监理单位要充分做好答辩前准备工作，强化工程监理人员答辩能力，提高答辩信心，积累相关经验，提升监理队伍的整体实力，包括仪表、自信心、表达力、知识储备等。平时要有计划地培训学习，逐步提高整体实战能力，并形成一整套可复制的模拟实战方案。

5）投标后评估

投标后评估是对投标全过程的分析和总结，对一个成熟的工程监理企业，无论工程监理投标成功与否，投标后评估不可缺少。

# 单元 1 能力训练

结合建设工程交易中心的要求，以浙江建设职业技术学院 2 号学生公寓为背景，编制施工、监理招标公告和招标文件，并编制监理投标文件。

**1. 训练背景**

（1）建设工程交易中心（网）。

（2）浙江建设职业技术学院 2 号学生公寓工程概况。

**2. 训练步骤和方法**

（1）市场调研

去各地建设工程交易中心网查看施工（监理）招标公告，学习各种招标公告的组成及内容。

（2）招标公告编制

根据查找的资料，择优选择其中较合适的版本，以浙江建设职业技术学院 2 号学生公寓为背景编制施工（监理）招标公告。

（3）施工招标文件编制

查看教师给定的多个范本，选择其中较合适的版本，以浙江建设职业技术学院 2 号学生公寓为背景编制施工招标文件。

（4）监理招投标文件编制

查看教师给定多个范本，选择其中较合适的版本，以浙江建设职业技术学院 2 号学生公寓为背景编制监理招标文件,并依据监理招标文件的要求编制监理投标文件。

### 3. 训练成果格式

招标文件(施工、监理)格式请扫描二维码下载观看。

| 某市房屋建筑和市政工程施工招标文件示范文本 | 某市建设工程施工监理招标文件范本 | 某市房屋建筑工程设计招标文件范本 | 某市建设工程货物招标文件范本 |

# 单元 2 建设工程合同管理

**1. 知识目标**

(1) 了解：《中华人民共和国合同法》(以下简称《合同法》)的内容，施工合同中质量、进度和费用的控制与管理，FIDIC 合同文本，工程变更与索赔的基本概念。

(2) 熟悉：建设承包合同、监理合同、物资采购合同的概述及特征，施工合同的订立过程，施工合同索赔的原因和证据。

(3) 掌握：施工合同标准文本，施工合同索赔的程序。

**2. 能力目标**

(1) 会根据示范文本格式编制监理合同。

(2) 能根据施工承包合同，找出质量、进度、投资、管理及其他重要内容的约定。

(3) 能判断日常索赔事务原因。

(4) 能找出合同索赔依据，并确认索赔事件的事实证据。

(5) 能编写索赔报告。

**3. 教学重点、难点和关键点**

(1) 重点：建设工程合同的分类、特征，施工合同的条款，施工变更与索赔的分类、原因、依据和处理程序等。

(2) 难点：合同的相关法律概念、原则和规定，施工合同中质量、进度、费用方面条款对施工过程的工作指导和规定，施工索赔的证据。

(3) 关键点：监理合同概述及特征，施工合同标准文本，施工索赔的避免或减少。

## 2.1 建设工程合同管理概述

### 2.1.1 合同的概念

**1. 定义**

合同是平等主体的自然人、法人、其他组织之间设立、变更、终止民事权利义务关系的协议。婚姻、收养、监护等有关身份关系的协议，适用其他法律的规定。

**2. 原则**

(1) 合同当事人的法律地位平等，一方不得将自己的意志强加给另一方。

(2) 当事人依法享有自愿订立合同的权利，任何单位和个人不得非法干预。

(3) 当事人应当遵循公平原则确定各方的权利和义务。

(4) 当事人行使权利、履行义务应当遵循诚实信用原则。

(5) 当事人订立、履行合同，应当遵守法律、行政法规，尊重社会公德。不得扰乱社会经济秩序,损害社会公共利益。

(6) 依法成立的合同,对当事人具有法律约束力。当事人应当按照约定履行自己的义务,不得擅自变更或者解除合同。

## 2.1.2 合同的订立

**1. 当事人条件**

当事人订立合同,应当具有相应的民事权利能力和民事行为能力。当事人依法可以委托代理人订立合同。

**2. 合同形式**

当事人订立合同,有书面形式、口头形式和其他形式。法律、行政法规规定采用书面形式的,应当采用书面形式。当事人约定采用书面形式的,应当采用书面形式。

书面形式是指合同书、信件和数据电文(包括电报、电传、传真、电子数据交换和电子邮件)等可以有形地表现所载内容的形式。

**3. 合同的内容**

合同的内容由当事人约定,当事人可以参照各类合同的示范文本订立合同。一般包括以下条款:

(1) 当事人的名称或者姓名和住所;

(2) 标的;

(3) 数量;

(4) 质量;

(5) 价款或者报酬;

(6) 履行期限、地点和方式;

(7) 违约责任;

(8) 解决争议的方法。

**4. 合同订立的方式**

当事人订立合同,采取要约和承诺方式。

1) 要约

要约是希望和他人订立合同的意思表示,该意思表示应当符合下列规定。

(1) 内容具体确定;

(2) 表明经受要约人承诺,要约人即受该意思表示约束。

要约邀请是希望他人向自己发出要约的意思表示。寄送的价目表、拍卖公告、招标公告、招股说明书、商业广告等为要约邀请。商业广告的内容符合要约规定的,视为要约。

要约到达受要约人时生效。采用数据电文形式订立合同,收件人指定特定系统接收数据电文的,该数据电文进入该特定系统的时间,视为到达时间;未指定特定系统的,该数据电文进入收件人的任何系统的首次时间,视为到达时间。

要约可以撤回。撤回要约的通知应当在要约到达受要约人之前或者与要约同时到达受要约人。

要约可以撤销。撤销要约的通知应当在受要约人发出承诺通知之前到达受要约人。

有下列情形之一的,要约不得撤销:

(1)要约人确定了承诺期限或者以其他形式明示要约不可撤销;

(2)受要约人有理由认为要约是不可撤销的,并已经为履行合同做了准备工作。

有下列情形之一的,要约失效:

(1)拒绝要约的通知到达要约人;

(2)要约人依法撤销要约;

(3)承诺期限届满,受要约人未作出承诺;

(4)受要约人对要约的内容作出实质性变更。

2)承诺

承诺是受要约人同意要约的意思表示。

承诺应当以通知的方式作出,但根据交易习惯或者要约表明可以通过行为作出承诺的除外。承诺应当在要约确定的期限内到达要约人。

承诺可以撤回。撤回承诺的通知应当在承诺通知到达要约人之前或者与承诺通知同时到达要约人。受要约人超过承诺期限发出承诺的,除要约人及时通知受要约人该承诺有效的以外,为新要约。

受要约人在承诺期限内发出承诺,按照通常情形能够及时到达要约人,但因其他原因承诺到达要约人时超过承诺期限的,除要约人及时通知受要约人因承诺超过期限不接受该承诺的以外,该承诺有效。

承诺的内容应当与要约的内容一致。受要约人对要约的内容作出实质性变更的为新要约。有关合同标的、数量、质量、价款或者报酬、履行期限、履行地点和方式、违约责任和解决争议方法等的变更,是对要约内容的实质性变更。

承诺对要约的内容作出非实质性变更的,除要约人及时表示反对或者要约表明承诺对要约的内容作出任何变更的以外,该承诺有效,合同的内容以承诺的内容为准。

要约没有确定承诺期限的,承诺应当依照下列规定到达:

(1)要约以对话方式作出的,应当即时作出承诺,但当事人另有约定的除外;

(2)要约以非对话方式作出的,承诺应当在合理期限内到达。

要约以信件或者电报作出的,承诺期限自信件载明的日期或者电报交发之日开始计算。信件未载明日期的,自投寄该信件的邮戳日期开始计算。要约以电话、传真等快速通信方式作出的,承诺期限自要约到达受要约人时开始计算。

**5. 合同成立**

承诺生效时合同成立。

承诺通知到达要约人时生效。承诺不需要通知的,根据交易习惯或者要约的要求作出承诺的行为时生效。

当事人采用合同书形式订立合同的,自双方当事人签字或者盖章时合同成立。承诺生效的地点为合同成立的地点。当事人采用合同书形式订立合同的,双方当事人签字或者盖章的地点为合同成立的地点。

### 2.1.3 合同的效力

#### 1. 合同生效

（1）依法成立的合同，自成立时生效。

（2）法律、行政法规规定应当办理批准、登记等手续生效的，依照其规定。

（3）当事人可以对合同的效力约定附条件。附生效条件的合同，自条件成就时生效。附解除条件的合同，自条件成就时失效。

（4）当事人可以对合同的效力约定附期限。附生效期限的合同，自期限届至时生效。附终止期限的合同，自期限届满时失效。

#### 2. 合同无效

有下列情形之一的，合同无效：

（1）一方以欺诈、胁迫的手段订立合同，损害国家利益；

（2）恶意串通，损害国家、集体或者第三人利益；

（3）以合法形式掩盖非法目的；

（4）损害社会公共利益；

（5）违反法律、行政法规的强制性规定。

合同中的下列免责条款无效：

（1）造成对方人身伤害的；

（2）因故意或者重大过失造成对方财产损失的。

下列合同，当事人一方有权请求人民法院或者仲裁机构变更或者撤销：

（1）因重大误解订立的；

（2）在订立合同时显失公平的。一方以欺诈、胁迫的手段或者乘人之危，使对方在违背真实意思的情况下订立的合同，受损害方有权请求人民法院或者仲裁机构变更或者撤销。

当事人请求变更的，人民法院或者仲裁机构不得撤销。

无效的合同或者被撤销的合同自始没有法律约束力。合同部分无效，不影响其他部分效力的，其他部分仍然有效。

### 2.1.4 合同的履行

当事人应当按照约定全面履行自己的义务。当事人应当遵循诚实信用原则，根据合同的性质、目的和交易习惯履行通知、协助、保密等义务。合同生效后，当事人就质量、价款或者报酬、履行地点等内容没有约定或者约定不明确的，可以协议补充；不能达成补充协议的，按照合同有关条款或者交易习惯确定。

当事人就有关合同内容约定不明确，依照之前的规定仍不能确定的，适用下列规定。

（1）质量要求不明确的，按照国家标准、行业标准履行；没有国家标准、行业标准的，按照通常标准或者符合合同目的的特定标准履行。

（2）价款或者报酬不明确的，按照订立合同时履行地的市场价格履行；依法应当执行政府定价或者政府指导价的，按照规定履行。

（3）履行地点不明确，给付货币的，在接受货币一方所在地履行；交付不动产的，在不动产所在地履行；其他标的，在履行义务一方所在地履行。

（4）履行期限不明确的，债务人可以随时履行，债权人也可以随时要求履行，但应当给对方必要的准备时间。

（5）履行方式不明确的，按照有利于实现合同目的的方式履行。

（6）履行费用的负担不明确的，由履行义务一方负担。

执行政府定价或者政府指导价的，在合同约定的交付期限内政府价格调整时，按照交付时的价格计价。逾期交付标的物的，遇价格上涨时，按照原价格执行；遇价格下降时，按照新价格执行。逾期提取标的物或者逾期付款的，遇价格上涨时，按照新价格执行；遇价格下降时，按照原价格执行。

当事人约定由债务人向第三人履行债务的，债务人未向第三人履行债务或者履行债务不符合约定，应当向债权人承担违约责任。当事人约定由第三人向债权人履行债务的，第三人不履行债务或者履行债务不符合约定，债务人应当向债权人承担违约责任。

当事人互负债务，没有先后履行顺序的，应当同时履行。一方在对方履行之前有权拒绝其履行要求。一方在对方履行债务不符合约定时，有权拒绝其相应的履行要求。

当事人互负债务，有先后履行顺序的，先履行一方未履行的，后履行一方有权拒绝其履行要求。先履行一方履行债务不符合约定的，后履行一方有权拒绝其相应的履行要求。

应当先履行债务的当事人，有确切证据证明对方有下列情形之一的，可以中止履行：

（1）经营状况严重恶化；

（2）转移财产、抽逃资金，以逃避债务；

（3）丧失商业信誉；

（4）有丧失或者可能丧失履行债务能力的其他情形。当事人没有确切证据中止履行的，应当承担违约责任。

当事人依照之前的规定中止履行的，应当及时通知对方。对方提供适当担保时，应当恢复履行。中止履行后，对方在合理期限内未恢复履行能力并且未提供适当担保的，中止履行的一方可以解除合同。

因债务人怠于行使其到期债权，对债权人造成损害的，债权人可以向人民法院请求以自己的名义代位行使债务人的债权，但该债权专属于债务人自身的除外。

代位权的行使范围以债权人的债权为限。债权人行使代位权的必要费用，由债务人负担。

因债务人放弃其到期债权或者无偿转让财产，对债权人造成损害的，债权人可以请求人民法院撤销债务人的行为。债务人以明显不合理的低价转让财产，对债权人造成损害，并且受让人知道该情形的，债权人也可以请求人民法院撤销债务人的行为。撤销权的行使范围以债权人的债权为限。债权人行使撤销权的必要费用，由债务人负担。

撤销权自债权人知道或者应当知道撤销事由之日起 1 年内行使。自债务人的行为发生之日起 5 年内没有行使撤销权的，该撤销权消灭。

合同生效后，当事人不得因姓名、名称的变更或者法定代表人、负责人、承办人的变动而不履行合同义务。

### 2.1.5　合同的变更与转让

**1. 合同的变更**

当事人协商一致,可以变更合同。法律、行政法规规定变更合同应当办理批准、登记等手续的,依照其规定变更。当事人对合同变更的内容约定不明确的,推定为未变更。

**2. 合同的转让**

债权人可以将合同的权利全部或者部分转让给第三人,但有下列情形之一的除外:

(1) 根据合同性质不得转让;

(2) 按照当事人约定不得转让;

(3) 依照法律规定不得转让。

债权人转让权利的,应当通知债务人。未经通知,该转让对债务人不发生效力。

债权人转让权利的通知不得撤销,但经受让人同意的除外。债务人将合同的义务全部或者部分转移给第三人的,应当经债权人同意。

### 2.1.6　合同的权利义务终止

有下列情形之一的,合同的权利义务终止:

(1) 债务已按照约定履行;

(2) 合同解除;

(3) 债务相互抵消;

(4) 债务人依法将标的物提存;

(5) 债权人免除债务;

(6) 债权债务同归于一人;

(7) 法律规定或者当事人约定终止的其他情形。

合同的权利义务终止后,当事人应当遵循诚实信用原则,根据交易习惯履行通知、协助、保密等义务。当事人协商一致,可解除合同。

### 2.1.7　合同的违约责任

**1. 基本方式**

当事人一方不履行合同义务或者履行合同义务不符合约定的,应当承担继续履行、采取补救措施或者赔偿损失等违约责任。

**2. 前提**

当事人一方明确表示或者以自己的行为表明不履行合同义务的,对方可以在履行期限届满之前要求其承担违约责任。

**3. 不同违约的对应方式**

(1) 当事人一方未支付价款或者报酬的,对方可以要求其支付价款或者报酬。

(2) 当事人一方不履行非金钱债务或者履行非金钱债务不符合约定的,对方可以要求履行,但有下列情形之一的除外:

① 法律上或者事实上不能履行；

② 债务的标的不适于强制履行或者履行费用过高；

③ 债权人在合理期限内未要求履行。

(3) 质量不符合约定的,应当按照当事人的约定承担违约责任。对违约责任没有约定或者约定不明确,受损害方根据标的的性质以及损失的大小,可以合理选择要求对方承担修理、更换、重作、退货、减少价款或者报酬等违约责任。

(4) 当事人一方不履行合同义务或者履行合同义务不符合约定的,在履行义务或者采取补救措施后,对方还有其他损失的,应当赔偿损失。

当事人一方不履行合同义务或者履行合同义务不符合约定,给对方造成损失的,损失赔偿额应当相当于因违约所造成的损失,包括合同履行后可以获得的利益,但不得超过违反合同一方订立合同时预见到或者应当预见到的因违反合同可能造成的损失。

(5) 当事人可以约定一方违约时应当根据违约情况向对方支付一定数额的违约金,也可以约定因违约产生的损失赔偿额的计算方法。约定的违约金低于造成的损失的,当事人可以请求人民法院或者仲裁机构予以增加;约定的违约金过分高于造成的损失的,当事人可以请求人民法院或者仲裁机构予以适当减少。当事人就迟延履行约定违约金的,违约方支付违约金后,还应当履行债务。

(6) 当事人可以依照《中华人民共和国担保法》约定一方向对方给付定金作为债权的担保。债务人履行债务后,定金应当抵作价款或者收回。给付定金的一方不履行约定的债务的,无权要求返还定金;收受定金的一方不履行约定的债务的,应当双倍返还定金。

当事人既约定违约金,又约定定金的,一方违约时,对方可以选择适用违约金或者定金条款。

(7) 因不可抗力不能履行合同的,根据不可抗力的影响,部分或者全部免除责任,但法律另有规定的除外。当事人迟延履行后发生不可抗力的,不能免除责任。本法所称不可抗力,是指不能预见、不能避免并不能克服的客观情况。

(8) 当事人一方因不可抗力不能履行合同的,应当及时通知对方,以减轻可能给对方造成的损失,并应当在合理期限内提供证明。当事人一方违约后,对方应当采取适当措施防止损失的扩大;没有采取适当措施致使损失扩大的,不得就扩大的损失要求赔偿。当事人因防止损失扩大而支出的合理费用,由违约方承担。

## 2.1.8　专项合同

### 1. 分类

专项合同包括:

(1) 买卖合同;

(2) 供用电、水、气、热力合同;

(3) 赠予合同;

(4) 借款合同;

(5) 租赁合同;

(6) 承揽合同;

（7）建设工程合同；

（8）运输合同；

（9）技术合同；

（10）保管合同；

（11）仓储合同；

（12）委托合同；

（13）行纪合同；

（14）居间合同。

**2. 建设工程合同**

建设工程合同是承包人进行工程建设，发包人支付价款的合同。建设工程合同包括工程勘察、设计、施工合同。建设工程合同应当采用书面形式。

发包人可以与总承包人订立建设工程合同，也可以分别与勘察人、设计人、施工人订立勘察、设计、施工承包合同。发包人不得将应当由一个承包人完成的建设工程肢解成若干部分发包给几个承包人。

总承包人或者勘察、设计、施工承包人经发包人同意，可以将自己承包的部分工作交由第三人完成。第三人就其完成的工作成果与总承包人或者勘察、设计、施工承包人向发包人承担连带责任。承包人不得将其承包的全部建设工程转包给第三人或者将其承包的全部建设工程肢解以后以分包的名义分别转包给第三人。

禁止承包人将工程分包给不具备相应资质条件的单位。禁止分包单位将其承包的工程再分包。建设工程主体结构的施工必须由承包人自行完成。

勘察、设计合同的内容包括提交有关基础资料和文件（包括概预算）的期限、质量要求、费用以及其他协作条件等条款。

施工合同的内容包括工程范围、建设工期、中间交工工程的开工和竣工时间、工程质量、工程造价、技术资料交付时间、材料和设备供应责任、拨款和结算、竣工验收、质量保修范围和质量保证期、双方相互协议条款。

发包人在不妨碍承包人正常作业的情况下，可以随时对作业进度、质量进行检查。隐蔽工程在隐蔽以前，承包人应当通知发包人检查。发包人没有及时检查的，承包人可以顺延工程日期，并有权要求赔偿停工、窝工等损失。

建设工程竣工后，发包人应当根据施工图纸及说明书、国家颁发的施工验收规范和质量检验标准及时进行验收。验收合格的，发包人应当按照约定支付价款，并接收该建设工程。建设工程竣工经验收合格后，方可交付使用；未经验收或者验收不合格的，不得交付使用。

勘察、设计的质量不符合要求或者未按照期限提交勘察、设计文件拖延工期，造成发包人损失的，勘察人、设计人应当继续完善勘察、设计，减收或者免收勘察费、设计费并赔偿损失。

因施工人的原因致使建设工程质量不符合约定的，发包人有权要求施工人在合理期限内无偿修理或者返工、改建。经过修理或者返工、改建后，造成逾期交付的，施工人应当承担违约责任。

因承包人的原因致使建设工程在合理使用期限内造成人身和财产损害的，承包人应当承担损害赔偿责任。

发包人未按照约定的时间和要求提供原材料、设备、场地、资金、技术资料的，承包人可以顺延工程日期,并有权要求赔偿停工、窝工等损失。

因发包人的原因致使工程中途停建、缓建的,发包人应当采取措施弥补或者减少损失,赔偿承包人因此造成的停工、窝工、倒运、机械设备调迁、材料和构件积压等损失和实际费用。

因发包人变更计划,提供的资料不准确,或者未按照期限提供必需的勘察、设计工作条件而造成勘察、设计的返工、停工或者修改设计,发包人应当按照勘察人、设计人实际消耗的工作量增付费用。

发包人未按照约定支付价款的,承包人可以催告发包人在合理期限内支付价款。发包人逾期不支付的,除按照建设工程的性质不宜折价、拍卖的以外,承包人可以与发包人协议将该工程折价,也可以申请人民法院将该工程依法拍卖。建设工程的价款就该工程折价或者拍卖的价款优先受偿。

没有规定的,适用承揽合同的有关规定。

### 3. 委托合同

委托合同是委托人和受托人约定,由受托人处理委托人事务的合同。

委托人可以特别委托受托人处理一项或者数项事务,也可以概括委托受托人处理一切事务。委托人应当预付处理委托事务的费用。受托人为处理委托事务垫付的必要费用,委托人应当偿还该费用及其利息。

受托人应当按照委托人的指示处理委托事务。需要变更委托的,应当经委托人同意;因情况紧急,难以和委托人取得联系的,受托人应当妥善处理委托事务,但事后应当将该情况及时报告委托人。

受托人应当亲自处理委托事务。经委托人同意,受托人可以转委托。转委托经同意的,委托人可以就委托事务直接指示转委托的第三人,受托人仅就第三人的选任及其对第三人的指示承担责任。转委托未经同意的,受托人应当对转委托的第三人的行为承担责任,但在紧急情况下受托人为维护委托人的利益需要转委托的除外。

受托人应当按照委托人的要求,报告委托事务的处理情况。委托合同终止时,受托人应当报告委托事务的结果。

受托人以自己的名义,在委托人的授权范围内与第三人订立的合同,第三人在订立合同时知道受托人与委托人之间的代理关系的,该合同直接约束委托人和第三人,但有确切证据证明该合同只约束受托人和第三人的除外。

受托人以自己的名义与第三人订立合同时,第三人不知道受托人与委托人之间的代理关系的,受托人因第三人的原因对委托人不履行义务,受托人应当向委托人披露第三人,委托人因此可以行使受托人对第三人的权利,但第三人与受托人订立合同时如果知道该委托人就不会订立合同的除外。

受托人因委托人的原因对第三人不履行义务,受托人应当向第三人披露委托人,第三人因此可以选择受托人或者委托人作为相对人主张其权利,但第三人不得变更选定的相对人。

委托人行使受托人对第三人的权利的,第三人可以向委托人主张其对受托人的抗辩。第三人选定委托人作为其相对人的,委托人可以向第三人主张其对受托人的抗辩以及受托人对第三人的抗辩。

受托人处理委托事务取得的财产,应当转交给委托人。

　　受托人完成委托事务的,委托人应当向其支付报酬。因不可归责于受托人的事由,委托合同解除或者委托事务不能完成的,委托人应当向受托人支付相应的报酬。事先有约定的,按照其约定。

　　有偿的委托合同,因受托人的过错给委托人造成损失的,委托人可以要求赔偿损失。无偿的委托合同,因受托人的故意或者重大过失给委托人造成损失的,委托人可以要求赔偿损失。受托人超越权限给委托人造成损失的,应当赔偿损失。

　　受托人处理委托事务时,因不可归责于自己的事由受到损失的,可以向委托人要求赔偿损失。

　　委托人经受托人同意,可以在受托人之外委托第三人处理委托事务。因此给受托人造成损失的,受托人可以向委托人要求赔偿损失。

　　两个以上的受托人共同处理委托事务的,对委托人承担连带责任。

　　委托人或者受托人可以随时解除委托合同。因解除合同给对方造成损失的,除不可归责于该当事人的事由以外,应当赔偿损失。

　　委托人或者受托人死亡、丧失民事行为能力或者破产的,委托合同终止,但当事人另有约定或者根据委托事务的性质不宜终止的除外。

　　因委托人死亡、丧失民事行为能力或者破产,致使委托合同终止将损害委托人利益的,在委托人的继承人、法定代理人或者清算组织承受委托事务之前,受托人应当继续处理委托事务。

　　因受托人死亡、丧失民事行为能力或者破产,致使委托合同终止时,受托人的继承人、法定代理人或者清算组织应当及时通知委托人。因委托合同终止将损害委托人利益的,在委托人作出善后处理之前,受托人的继承人、法定代理人或者清算组织应当采取必要措施。

### 4. 承揽合同

　　承揽合同是承揽人按照定作人的要求完成工作,交付工作成果,定作人给付报酬的合同。

　　承揽包括加工、定作、修理、复制、测试、检验等工作。

　　承揽合同的内容包括承揽的标的、数量、质量、报酬、承揽方式、材料的提供、履行期限、验收标准和方法等条款。

　　承揽人应当以自己的设备、技术和劳力,完成主要工作,但当事人另有约定的除外。

　　承揽人将其承揽的主要工作交由第三人完成的,应当就该第三人完成的工作成果向定作人负责;未经定作人同意的,定作人也可以解除合同。

　　承揽人可以将其承揽的辅助工作交由第三人完成。承揽人将其承揽的辅助工作交由第三人完成的,应当就该第三人完成的工作成果向定作人负责。

　　承揽人提供材料的,承揽人应当按照约定选用材料,并接受定作人检验。

　　定作人提供材料的,定作人应当按照约定提供材料。承揽人对定作人提供的材料,应当及时检验,发现不符合约定时,应当及时通知定作人更换、补齐或者采取其他补救措施。

　　承揽人不得擅自更换定作人提供的材料,不得更换不需要修理的零部件。

　　承揽人发现定作人提供的图纸或者技术要求不合理的,应当及时通知定作人。因定作人怠于答复等原因造成承揽人损失的,应当赔偿损失。

　　定作人中途变更承揽工作的要求,造成承揽人损失的,应当赔偿损失。

承揽工作需要定作人协助的,定作人有协助的义务。定作人不履行协助义务致使承揽工作不能完成的,承揽人可以催告定作人在合理期限内履行义务,并可以顺延履行期限,定作人逾期不履行的,承揽人可以解除合同。

承揽人在工作期间,应当接受定作人必要的监督检验。定作人不得因监督检验妨碍承揽人的正常工作。

承揽人完成工作的,应当向定作人交付工作成果,并提交必要的技术资料和有关质量证明。定作人应当验收该工作成果。

承揽人交付的工作成果不符合质量要求的,定作人可以要求承揽人承担修理、重作、减少报酬、赔偿损失等违约责任。

定作人应当按照约定的期限支付报酬。对支付报酬的期限没有约定或者约定不明确,定作人应当在承揽人交付工作成果时支付;工作成果部分交付的,定作人应当相应支付。

定作人未向承揽人支付报酬或者材料费等价款的,承揽人对完成的工作成果享有留置权,但当事人另有约定的除外。

承揽人应当妥善保管定作人提供的材料以及完成的工作成果,因保管不善造成毁损、灭失的,应当承担损害赔偿责任。

承揽人应当按照定作人的要求保守秘密,未经定作人许可,不得留存复制品或者技术资料。

共同承揽人对定作人承担连带责任,但当事人另有约定的除外。

定作人可以随时解除承揽合同,造成承揽人损失的,应当赔偿损失。

## 2.1.9　其他相关知识

### 1. 代理关系

1) 代理的概念

代理是代理人在代理权限内,以被代理人的名义实施的、其民事责任由被代理人承担的法律行为。

2) 代理的特征

代理具有以下特征。

(1) 代理人必须在代理权限范围内实施代理行为

无论代理权的产生是基于何种法律事实,代理人都不得擅自变更或扩大代理权限,代理人超越代理权限的行为不属于代理行为,被代理人对此不承担责任。在代理关系中,委托代理中的代理人应根据被代理人的授权范围进行代理,法定代理和指定代理中的代理人也应在法律规定或指定的权限范围内实施代理行为。

(2) 代理人以被代理人的名义实施代理行为

代理人只有以被代理人的名义实施代理行为,才能为被代理人取得权利和设定义务。如果代理人是以自己的名义为法律行为,这种行为是代理人自己的行为而非代理行为。这种行为所设定的权利与义务只能由代理人自己承受。

(3) 代理人在被代理人的授权范围内独立地自己的意志

在被代理人的授权范围内,代理人以自己的意志去积极地为实现被代理人的利益和意愿进行具有法律意义的活动。它具体表现为代理人有权自行解决他如何向第三人作出意思表示,或者是否接受第三人的意思表示。

(4) 被代理人对代理行为承担民事责任

代理是代理人以被代理人的名义实施的法律行为,所以在代理关系中所设定的权利义务,当然应当直接归属被代理人享受和承担。被代理人对代理人的代理行为应承担的责任,既包括对代理人在执行代理任务的合法行为承担民事责任,也包括对代理人不当代理行为承担民事责任。

3) 代理的种类

以代理权产生的依据不同,可将代理分为委托代理、法定代理和指定代理。

(1) 委托代理

委托代理是基于被代理人对代理人的委托授权行为而产生的代理,因此又称为意定代理。委托代理关系的产生,需要在代理人与被代理人之间存在基础法律关系,如委托合同关系、合伙合同关系、工作隶属关系等,但只有在被代理人对代理人进行授权后,这种委托代理关系才真正建立。授予代理权的形式可以用书面形式,也可以用口头形式。如果法律法规规定应当采用书面形式的,则应当采用书面形式。

在委托代理中,被代理人所作出的授权行为属于单方的法律行为,仅凭被代理人一方的意思表示,即可以发生授权的法律效力。被代理人有权随时撤销其授权委托。代理人也有权随时辞去所受委托。但代理人辞去委托时,不能给被代理人和善意第三人造成损失,否则应负赔偿责任。

在工程建设中涉及的代理主要是委托代理,如项目经理作为施工企业的代理人、总监理工程师作为监理单位的代理人等,当然,授权行为是由单位的法定代表人代表单位完成的。项目经理、总监理工程师作为施工企业、监理单位的代理人,应当在授权范围内行使代理权,超出授权范围的行为则应当由行为人自己承担。如果授权范围不明确,则应当由被代理人(单位)向第三人承担民事责任,代理人负连带责任,但是代理人的连带责任是在被代理人无法承担责任的基础上承担的。如果考虑工程建设的实际情况,被代理人承担民事责任的能力远远高于代理人,在这种情况下实际应当由被代理人承担民事责任。

合同在市场经济条件下得到了广泛应用,但由于合同的种类繁多,当合同主体对欲签订的某一合同约定的条款内容不熟悉,往往委托代理人或代理机构帮助其形成合同。随着社会分工的不断细化,工程建设领域中的某些中介业务已经产生了专门的代理机构,甚至成为行业,如工程招标代理机构。工程招标代理机构是接受被代理人的委托、为被代理人办理招标事宜的社会组织。工程招标代理的被代理人即发包人,一般是工程项目的所有人或者经营者,即项目法人或通常所称的建设单位。在委托人的授权范围内,招标代理机构从事的代理行为,其法律责任由发包人承担。如果招标代理机构在招标代理过程中有过错行为,招标人则有权根据招标代理合同的约定追究招标代理机构的违约责任。

(2) 法定代理

法定代理是指根据法律的直接规定而产生的代理。法定代理主要是为维护无行为能力人或限制行为能力人的利益而设立的代理方式。

(3) 指定代理

指定代理是根据人民法院和有关单位的指定而产生的代理。指定代理只在没有委托代理人和法定代理人的情况下适用。在指定代理中,被指定的人称为指定代理人,依法被指定为代理人的,如无特殊原因不得拒绝担任代理人。

4)无权代理

无权代理是指行为人没有代理权而以他人名义进行民事、经济活动。无权代理包括以下 3 种情况:

(1)没有代理权而为的代理行为;

(2)超越代理权限而为的代理行为;

(3)代理权终止后的代理行为。

对于无权代理行为,"被代理人"可以根据无权代理行为的后果对自己有利或不利的原则,行使"追认权"或"拒绝权"。行使追认权后,将无权代理行为转化为合法的代理行为。第三人事后知道对方为无权代理的,可以向"被代理人"行使催告权,也可以撤销此前的行为。《民法通则》规定,无权代理行为只有经过"被代理人"的追认,被代理人才承担民事责任。未经追认的行为,由行为人承担民事责任,但"本人知道他人以自己的名义实施民事行为而不作否认表示的,视为同意"。

5)代理关系的终止

(1)委托代理关系的终止

委托代理关系可因下列原因终止:

① 代理期间届满或者代理事项完成;

② 被代理人取消委托或代理人辞去委托;

③ 代理人死亡或代理人丧失民事行为能力;

④ 作为被代理人或者代理人的法人终止。

(2)指定代理或法定代理关系的终止

指定代理或法定代理可因下列原因终止:

① 被代理人取得或者恢复民事行为能力;

② 被代理人或代理人死亡;

③ 指定代理的人民法院或指定单位撤销指定;

④ 监护关系消灭。

**2. 担保制度**

1)概念

担保是指合同的当事人双方为了使合同能够得到切实的履行,根据法律、行政法规的规定,经双方协商一致而采用一种具有法律效力的保护措施。

2)担保方式

我国《担保法》规定的担保方式有 5 种。

(1)保证

保证是指保证人和债权人约定,当债务人不履行债务时,保证人按照约定履行债务或承担责任的行为。保证方式有一般保证和连带保证两种,保证人与债权人应当以书面形式签订合同。

(2)抵押

抵押是指债务人或第三人在不转移对抵押财产占有的情况下,将该财产作为债权的担保。当债务人不履行债务时,债权人有权依法将该财产折价或以拍卖、变卖该财产的价款优先受偿。采用抵押这种担保方式时,抵押人和抵押权人应以书面形式订立抵押合同。

(3) 质押

质押是指债务人或第三人将其动产或权利移交债权人占有,用以担保债务的履行,当债务人不能履行债务时,债权人依法有权就该动产或权利优先得到清偿的担保。采用质押这种担保方式时,出质人和质权人应以书面形式订立质押合同。

(4) 留置

留置是指债权人按照合同的约定占有债务人的动产,债务人不按照合同约定的期限履行债务的,债权人有权依法留置该财产,以该财产折价或拍卖、变卖该财产的价款优先受偿。采用留置这种担保方式时,债权人和债务人应以书面形式订立留置合同。

(5) 定金

定金是指合同当事人一方为了证明合同的成立和担保合同的履行,在合同中约定应给对方一定数额的货币。合同履行后,定金可收回或抵作价款。给付定金的一方不履行合同的,无权要求返还定金;收定金的一方不履行合同的,应双倍返还定金。

**3. 诉讼时效制度**

1) 概念

诉讼时效是指权利人在法定期间内,未向人民法院提起诉讼请求保护其权利时,法律规定消灭其胜诉权的制度。

2) 诉讼时效的种类

(1) 普通诉讼时效。普通诉讼时效期间为 2 年。

(2) 特别诉讼时效。长于或短于 2 年,如下列情形诉讼时效为 1 年:

① 身体受伤害要求赔偿的;

② 出售质量不合格的商品未声明的;

③ 延付或拒付租金的;

④ 寄存财物被丢失或者损毁的。

(3) 最长诉讼时效。最长诉讼时效为 20 年。

**4. 保险制度**

保险是指投保人根据合同的约定,向保险人支付保险费,保险人对于合同约定可能发生的事故因其发生所造成的财产损失承担赔偿保险金的责任,或者当被保险人死亡、伤残、疾病或者达到合同约定的年龄、期限时承担给付保险金责任的商业保险行为。

工程保险分建筑工程一切险和安装工程一切险,如建工险和建安险。

# 2.2　建设工程施工合同的订立

合同是指根据法律规定和合同当事人约定具有约束力的文件。构成合同的文件包括合同协议书、中标通知书(如果有)、投标函及其附录(如果有)、专用合同条款及其附件、通用合同条款、技术标准和要求、图纸、已标价工程量清单或预算书以及其他合同文件。

为了指导建设工程施工合同当事人的签约行为,维护合同当事人的合法权益,依据《合同法》《中华人民共和国建筑法》《中华人民共和国招标投标法》以及相关法律法规,住房和城乡建设部、国家工商行政管理总局联合编制了《建设工程施工合同(示范文本)》(GF-2013-0201),后期又进行了修订,制定了《建设工程施工合同(示范文本)》(GF-2017-0201)。

《建设工程施工合同(示范文本)》为非强制性使用文本。合同当事人可结合建设工程具体情况,根据《建设工程施工合同(示范文本)》订立合同,并按照法律法规规定和合同约定承担相应的法律责任及合同权利义务。

## 2.2.1 《建设工程施工合同(示范文本)》概述

按照示范合同文本的惯例,经合同当事人签署的建设工程施工合同形式上通常包括3个部分,即合同协议书、通用合同条款和专用合同条款,采用这种方式的原因主要是施工合同的要素多、程序复杂且需要解决的相关事项也较多,因此在合同协议书集中约定与工程实施相关的主要内容,包括工程名称、工程地点、立项批准文号、资金来源、工程内容、工程承包范围、合同价格、工期、质量、合同生效条件等,令合同当事人在签订合同时一目了然其核心的权利义务;同时将合同通常需要管理的要素在通用合同条款中进行详细规定。如果合同当事人根据各项目不同情况需要进行调整的,则按照相应的具体情况在专用合同条款中进行补充和细化。如此可以令合同的起草、签订和履行比较规范,最终推进商事交易活动的高效开展。

《建设工程施工合同(示范文本)》适用于房屋建筑工程、土木工程、线路管道和设备安装工程、装修工程等建设工程的施工承发包活动。

《建设工程施工合同(示范文本)》由合同协议书、通用合同条款和专用合同条款3部分组成。

### 1. 合同协议书

合同协议书是指构成合同的由发包人和承包人共同签署的称为"合同协议书"的书面文件。

合同协议书共计13条,主要包括工程概况、合同工期、质量标准、签约合同价和合同价格形式、项目经理、合同文件构成、承诺以及合同生效条件等重要内容,集中约定了合同当事人基本的合同权利义务。

### 2. 通用合同条款

通用合同条款是合同当事人根据《中华人民共和国建筑法》《合同法》等法律法规的规定,就工程建设的实施及相关事项,对合同当事人的权利义务作出的原则性约定。

通用合同条款共计20条,具体条款分别为一般约定、发包人、承包人、监理人、工程质量、安全文明施工与环境保护、工期和进度、材料与设备、试验与检验、变更、价格调整、合同价格、计量与支付、验收和工程试车、竣工结算、缺陷责任与保修、违约、不可抗力、保险、索赔和争议解决。条款安排既考虑了现行法律法规对工程建设的有关要求,也考虑了建设工程施工管理的特殊需要。

### 3. 专用合同条款

专用合同条款是对通用合同条款原则性约定的细化、完善、补充、修改或另行约定的条款。合同当事人可以根据不同建设工程的特点及具体情况,通过双方的协商对相应的专用

合同条款进行细化、完善、补充、修改。在使用专用合同条款时,应注意以下事项:

(1) 专用合同条款的编号应与相应的通用合同条款的编号一致;

(2) 合同当事人可以通过对专用合同条款的修改,满足具体建设工程的特殊要求,避免直接修改通用合同条款;

(3) 在专用合同条款中有横道线的地方,合同当事人可针对相应的通用合同条款进行细化、完善、补充、修改或另行约定;如无细化、完善、补充、修改或另行约定,则填写"无"或划"/"。

## 2.2.2 《建设工程施工合同(示范文本)》的使用

### 1. 合同协议书的使用

合同协议书作为施工合同的重要组成文件,其包含的内容和签署的形式非常重要,其生效必须符合法律的规定,并获得合同当事人的共同签署。因为合同协议书的编制与实践引用中的填写非常重要,所以本节逐条解释13条合同协议书的内容。

1) 工程概况

工程概况包括工程名称、工程地点、工程立项批准文号、资金来源、工程内容、工程承包范围等内容。

工程概况中的第5条为"工程内容",在该条文后注明"群体工程应附《承包人承揽工程项目一览表》",合同当事人在填写该条文时,需要特别注意该条文的填写应与第6条"工程承包范围"保持一致,不可产生冲突,实践过程中经常出现该种情形。

2) 合同工期

合同工期包括计划开工日期、计划竣工日期和工期总日历天数。工期总日历天数与根据前述计划开竣工日期计算的工期天数不一致的,以工期总日历天数为准。

3) 质量标准

工程质量标准必须符合现行国家有关工程施工质量验收规范和标准的要求。有关工程质量的特殊标准或要求由合同当事人在专用合同条款中约定。

4) 签约合同价和合同价格形式

(1) 签约合同价

签约合同价是指发包人和承包人在合同协议书中确定的总金额,包括安全文明施工费、暂估价及暂列金额等。

本条中除写明签约合同价外,还需写出安全文明施工费、材料和工程设备暂估价金额、专业工程暂估价金额、暂列金额等价格。

(2) 合同价格形式

合同价格是指发包人用于支付承包人按照合同约定完成承包范围内全部工作的金额,包括合同履行过程中按合同约定发生的价格变化。

发包人和承包人应在合同协议书中选择下列一种合同价格形式:单价合同、总价合同、其他价格形式。

合同当事人可在专用合同条款中约定其他合同价格形式。

根据我国《招标投标法》的规定,对于招标发包的工程,合同协议书中填写的内容应与投标文件、中标通知书等招投标文件的实质性内容保持一致,避免所订立的协议被认定为与中标结果实质性内容相背离,影响合同效力,如经常出现的投标价、中标价与签约合同价不一致的情形等。

5）项目经理

项目经理应为合同当事人所确认的人选,并在专用合同条款中明确项目经理的姓名、职称、注册执业证书编号、联系方式及授权范围等事项,项目经理经承包人授权后代表承包人负责履行合同。项目经理应是承包人正式聘用的员工,承包人应向发包人提交项目经理与承包人之间的劳动合同,以及承包人为项目经理缴纳社会保险的有效证明。承包人不提交上述文件的,项目经理无权履行职责,发包人有权要求更换项目经理,由此增加的费用和（或）延误的工期由承包人承担。

项目经理应常驻施工现场,且每月在施工现场时间不得少于专用合同条款约定的天数。项目经理不得同时担任其他项目的项目经理。项目经理确需离开施工现场时,应事先通知监理人,并取得发包人的书面同意。项目经理的通知中应当载明临时代行其职责的人员的注册执业资格、管理经验等资料,该人员应具备履行相应职责的能力。

6）合同文件构成

本协议书与下列文件一起构成合同文件：

（1）中标通知书（如果有）；

（2）投标函及其附录（如果有）；

（3）专用合同条款及其附件；

（4）通用合同条款；

（5）技术标准和要求；

（6）图纸；

（7）已标价工程量清单或预算书；

（8）其他合同文件。

在合同订立及履行过程中形成的与合同有关的文件均构成合同文件组成部分。上述各项合同文件包括合同当事人就该项合同文件所作出的补充和修改,属于同一类内容的文件,应以最新签署的为准。

由于合同协议书的文件效力和解释顺序非同一般,合同当事人在填写相关内容时,应当格外予以注意,避免缺项或错填,以造成后期合同履行的不利和困难。同时还应注意在相关当事人的落款处,将合同当事人有关地址、账户、邮编、电子信箱等内容全面完整地填写,保证合同履行的畅通和高效。

除合同当事人有特别约定外,合同协议书在解释优先顺序上要优先于其他合同文件。对于合同协议书中默认内容,合同当事人应慎重填写,避免因填写不当或缺失,影响合同的理解和适用。

7）承诺以及合同生效条件

发包人承诺按照法律规定履行项目审批手续、筹集工程建设资金并按照合同约定的期限和方式支付合同价款；承包人承诺按照法律规定及合同约定组织完成工程施工,确保工程质量和安全,不进行转包及违法分包,并在缺陷责任期及保修期内承担相应的工程维修责任；发包人和承包人通过招投标形式签订合同的,双方理解并承诺不再就同一工程另行签订与合同实质性内容相背离的协议。

合同协议书一般在合同当事人加盖公章,并由法定代表人或法定代表人的授权代表签字后生效,但合同当事人对合同生效有特别要求的,可以通过设置一定的生效条件或生效期限以满足具体项目的特殊情况,如约定"合同当事人签字并盖章,且承包人提交履约担保后生效"等。此外,为了规避因专用合同条款未经盖章签字确认引起的争议,2017 版协议书中要求专用合同条款及其附件须经合同当事人签字或盖章。

8)协议书其他内容

词语含义、签订时间、签订地点、合同生效、合同份数等按照《建设工程施工合同(示范文本)》合同协议书中的解释和说明填写即可。

**2. 通用合同条款和专用合同条款的使用**

《建设工程施工合同(示范文本)》依据国家法律、行政法规、司法解释、部门规章、规范性文件、行业标准、规范、相关标准文件以及国际上通行做法,就工程建设的实施及相关事项,对合同当事人的权利义务作出的原则性约定,在通用合同条款中一一进行了阐述和说明。

通用合同条款共计 20 条,具体条款分别为一般约定,发包人,承包人,监理人,工程质量,安全文明施工与环境保护,工期和进度,材料与设备,试验与检验,变更,价格调整,合同价格、计量与支付,验收和工程试车,竣工结算,缺陷责任与保修,违约,不可抗力,保险,索赔和争议解决。

1)一般约定

本条共涉及 13 项内容,分别为词语定义与解释,语言文字,法律,标准和规范,合同文件的优先顺序,图纸和承包人文件,联络,严禁贿赂,化石、文物,交通运输,知识产权,保密,工程量清单错误的修正等。

(1)词语定义与解释

通用合同条款中赋予的词语含义与合同协议书、专用合同条款中词语含义相同,均取自国家法律、行政法规、司法解释、部门规章、规范性文件、行业标准、规范、相关标准文件等。具体的词语含义详见《建设工程施工合同(示范文本)》,这里不再一一赘述。

(2)语言文字

当事人签订合同时,如在专用条款中对合同语言文字有专门约定,应当注意与本条款保持一致,避免作出相互冲突的约定。

如专用合同条款中的约定与本条款产生冲突,根据"合同文件的优先顺序"约定的解释顺序,专用合同条款优先适用,当事人对此应当予以注意。

如果处于同一解释顺序的合同文件中,对语言文字的解释顺序约定相冲突,则属于合同约定不明,此时应当按照《合同法》的相关规定予以解释。

(3)法律

合同当事人可以在专用合同条款中明确用以调整合同履行的其他规范性文件、政策的名称和文号,以便于指导工程施工。如专用合同条款中可约定本合同计量计价、材料人工费调差按照某地方某机构发布的某某文件执行。

在工程建设和管理过程中,合同当事人应遵守法律、行政法规、工程所在地的地方性法规、自治条例、单行条例、地方政府规章和专用合同条款中约定的其他规范性文件与政策,否则将直接影响工程的实施和合同的履行,甚至被行政处罚,如违反工程所在地建设行政主管部门关于施工合同备案的规定,将导致不能获得开工所需的许可和批准。

在实践中,很多部门规章、地方性政府规定对工程建设有特殊的约定,如关于招投标、质量管理、合同结算等,可能出现合同条款与前述部门规章、地方性政府规定相冲突的情形,合同当事人在专用合同条款中约定具体的部门规章、地方性政府规定时,应予以注意,避免因约定不当,损害自身权益。

（4）标准和规范

适用于工程的标准和规范的范围包括国家、行业、地方标准以及相应的规范、规程等。对于强制性国家标准和强制性行业标准,合同当事人不得排除适用,但可以约定严于强制性标准的标准规范,并在专用合同条款中予以明确。

如发包人要求使用国外标准、规范的,其有义务提供原文版本和中文译本,以便于承包人对比理解国外标准、规范的确切含义,利于工程建设的顺利进行。同时,为避免当事人产生争议,应当在合同专用条款中明确约定发包人提供国外标准、规范的具体名称、数量以及提供时间。

此外,根据本项对提供标准规范义务的安排分析可知,如果工程使用的均为我国标准规范、合同没有特别约定,则由承包人自行提供,发包人对此无义务提供。

（5）合同文件的优先顺序

一般而言,合同文件形成时间在后者优先,即签订时间在后的合同文件效力优于签订时间在前的合同文件,但在实践中,因合同文件地位不同以及无法确定合同签订时间的情况下,当事人之间会产生争议,因此,本条款在双方无特别约定的情况下对不同文件的优先解释顺序预先作出安排。

（6）图纸和承包人文件

提供图纸是发包人的主要义务之一,发包人提供的图纸的完整性、及时性、准确性直接影响到工程施工。因此图纸的管理是合同管理活动中极为重要的环节。合同当事人应在专用合同条款中明确应由发包人提供图纸的数量、提供的期限、图纸种类及内容,避免因约定不明影响合同正常履行。除有特别约定外,发包人应按前述约定免费提供图纸。

发包人应当组织承包人、监理人及设计人进行图纸会审和设计交底,以便各方准确掌握图纸的内容,保证工程施工的顺利进行。如发包人怠于或迟延组织图纸会审和设计交底,为保证合同顺利履行,承包人可以催告其履行相应义务。

鉴于实践中常常出现发包人不及时提供图纸或提供图纸不全影响工程质量、进度等情形,故本条款虽然赋予了合同当事人在专用合同条款中约定发包人提供图纸的期限,但同时也对发包人提供图纸的最晚时间进行了限制,即至迟不得晚于开工通知载明的开工日期前的第14天。

如发包人未按合同约定提供图纸或提供图纸不符合合同约定,承包人应及时固定证据,如提供图纸迟延的,应当准确记录提供图纸的时间、名称、数量,以便在双方就工期、质量等问题产生争议时维护自身权益。

发包人如对图纸的保密、知识产权有特别要求的,应当在专用合同条款中就保密期限、知识产权归属、费用承担(如有)等问题予以明确约定。

承包人收到图纸之后发现图纸存在差错、遗漏或缺陷时负有通知义务,其隐含了承包人收到图纸后的审查义务,即承包人应在收到图纸问题后,对图纸进行认真审阅,以明确图纸要求,该工作既是作为合理审慎的承包人的应有之义务,也是其开工所必需的准备步骤。

作为一个有经验的承包人,在审阅图纸过程中,承包人对于发现的图纸错误、遗漏或缺陷应当及时通知监理人。并由发包人在合理时间内决定是否对图纸进行修改、补充、完善。

由于监理人并非施工合同当事人,其与承包人并无直接的合同关系,如监理人收到承包人的通知后,不报送或者不及时报送发包人时,承包人一方面可以催告监理人积极履行其义务;另一方面也可与发包人直接取得联系,以避免因图纸问题影响施工。如果确因监理人转送环节出现问题进而影响工期或给承包人造成其他损失的,承包人可以向发包人主张权利,发包人承担责任后可依据监理合同关系向监理人主张相应权利。

发包人在接到监理人关于图纸错误的通知后,应要求设计人进行复核,对于确实存在错误的图纸,应当在合理时间内完成修改补充并提交给承包人。经设计人确认,不属于图纸错误的,应及时向承包人进行澄清,以便于工程的顺利实施。

(7)联络

建设工程工期长、规模大、技术复杂、参与主体众多,在合同履行过程中,各参与主体之间需要进行大量的沟通、交流、信息传递。本条款约定了与合同有关的通知、批准、证明、证书、指示、指令、要求、请求、同意、意见、确定和决定等均应采用书面形式。

(8)严禁贿赂

本条款通过将公法领域的贿赂概念引入合同领域,以期治理工程建设项目中较为常见的贿赂行为,规范工程建设项目中的合同当事人的行为,维持建筑市场竞争秩序,促进建设工程市场的健康发展。

(9)化石、文物

发包人和承包人在工程施工过程中,都应积极履行保护化石、文物的法定和合同约定的义务。承包人在施工过程中一旦发现化石、文物的,应当立即通知监理人、发包人及文物行政主管部门,并做好文物保护工作。

合同当事人及监理人应对其现场人员进行化石、文物的必要培训,尤其是在埋藏化石、文物较多的区域施工时,当事人应尽必要的注意义务,对于发现的疑似化石、文物应及时通知有关行政管理部门,如北京、洛阳等历史文化名城的老城区。

承包人在施工过程中遇见化石、文物,必然会影响工期,也可能会导致支出费用增加。但就该事件本身而言,既不能归责于发包人,也不能归责于承包人。因此除合同有特别约定外,应当参照处理不可抗力的原则,平衡合同当事人之间的权益。

承包人在施工过程中遇见化石、文物,对工期和成本造成影响的,也可参照情势变更原则处理,平衡合同当事人之间的利益。

(10)交通运输

除专用合同条款另有约定外,发包人应根据施工需要,负责取得出入施工现场所需的批准手续和全部权利,以及取得因施工所需修建道路、桥梁以及其他基础设施的权利,并承担相关手续费用和建设费用。承包人应协助发包人办理修建场内外道路、桥梁以及其他基础设施的手续。

发包人负责出入现场手续的办理,取得道路、桥梁及其他基础设施通行的权利,并承担为此所需的费用。

承包人对发包人办理修建场内外道路、桥梁以及其他基础设施的手续负有协助义务。

承包人作为专业的施工单位,由其在订立合同前根据工程规模和技术参数,对进出施工现场的方式、路线作出预估,相对公平合理。因此,本条款明确了承包人订立合同前查看施工现场的义务,目的在于督促承包人尽到合理注意义务,并在报价时充分考虑完善进出现场条件所需的费用及对工期的影响,否则因此增加的费用和(或)延误的工期由承包人承担。

(11) 知识产权

在工程建设项目中,发包人提供给承包人的图纸、发包人为实施工程自行编制或委托编制的技术规范以及反映发包人要求的或其他类似性质的文件,属于发包人作品,著作权归属于发包人。

承包人为实施工程所编制的文件,其法律属性与委托作品类似,在合同未作明确约定或没有订立合同情况下,著作权属于受托人,即承包人。但由于工程项目建设完成后,其所有权一般归属于发包人,在其将工程投入使用中,可能会使用施工过程中承包人所编制的各类工程资料文件,如该类著作权仍归属于承包人,则影响发包人对建设项目本身的使用,阻碍物的效用的发挥。因此本条款明确了除署名权以外的著作权属于发包人,以便合同目的的顺利实现。当然合同当事人也可通过专用合同条款作出特别约定。

未经发包人授权,承包人不得擅自使用前述文件。当然考虑到工程施工的需要,承包人可因实施工程的修建、调试、运行、维修、改造等目的而复制、使用本条款规定的著作权属于发包人的文件,但不能用于与合同无关的其他事项,如用于承揽其他工程、向第三方出售或用于广告宣传等,否则需承担相应的责任。

(12) 保密

合同当事人对特定事项需要保密的,应当通过专用合同条款予以明确,如列明保密事项、范围、期限等。合同当事人可以通过专用合同条款的约定限制或扩大保密的范围、延长或缩短保密的期限,但不能违背法律的规定以及公平原则。

合同当事人应按照法律规定及合同约定,对在合同履行过程中的商业秘密和技术秘密等尽到合理的保护义务。造成泄密的,需承担相应的责任,并赔偿合同对方当事人的损失。

对于一些特殊项目如国防、军事设施等涉及国家秘密的,当事人可就保密事项专门签订保密协议,作出具体、详细安排。

(13) 工程量清单错误的修正

工程量清单系由发包人提供,承包人基于发包人提供的工程量清单进行报价并签订承包合同。未经发包人同意,承包人不得擅自修改工程量清单中的项目、数值等内容,因此发包人应保证其提供的工程量清单的准确性和完整性。

如招投标阶段(如有)、合同订立时无法准确确定某些工程的工程量,发包时可以通过设置暂估项目,由合同当事人在合同履行过程中再行明确,以避免发生纠纷。

如因发包人提供的工程量清单存在缺项、漏项、工程量偏差等错误,导致签约合同价低于实际工程造价时,由发包人对工程量清单予以修正并将合同价格调整至合理工程造价,对合同当事人较为公平合理。

由于建设工程的复杂性和工程前期诸多因素的不可预见性,工程量清单出现工程量计算偏差的情况在所难免,并非只要出现工程量偏差一律调整合同价格,而是只有偏差超过一定范围或幅度时才可以调价。因此当事人应在专用合同条款中明确约定,当工程量偏差超出一定范围时应调整价格。

2）发包人

本条共涉及许可或批准,发包人代表,发包人人员,施工现场、施工条件和基础资料的提供,资金来源证明及支付担保,支付合同价款,组织竣工验收,现场统一管理协议 8 项内容。

（1）许可或批准

发包人与承包人应当在专用合同条款中就项目本身和施工的许可、批准或备案办理期限作出明确的约定,同时约定逾期办理应当承担的违约责任,并约定如果未能取得工程施工所需的许可、批准或备案,承包人有权拒绝进场施工,由此增加的费用和（或）延误的工期由责任方承担。

在合同履行过程中,如果在项目本身或施工未取得许可、批准或备案的情况下,承包人进场施工,由此造成的经济损失或其他不利后果,承包人存在过错的,也应当在其过错范围内承担相应的责任。

（2）发包人代表

在施工合同履行过程中,发包人一般应委派具备相应专业能力和经验的人员担任其代表,发包人对其代表授权的内容应当清楚完善,既要避免出现因代表权限过小而影响施工合同正常履行,又要防止授权过大而导致发包人对施工合同的履行失控。

一般情况下,对于法律法规中关于监理人对施工安全质量的监理权限,发包人不应再授权给发包人代表,而对于工程价款洽商,索赔事项的处理,合同的变更等事项可由发包人代表在监理人的配合下完成,但最终需经发包人书面同意,以此限制监理人和发包人代表对合同价格的调整或权力的变更。

（3）发包人人员

为有效预防发包人现场人员违法违规行为给施工质量、安全、环境保护、文明施工造成不利影响,发包人应当加强其现场人员有关的培训和要求,采取有效措施保障承包人免受发包人现场人员不遵守法律及有关规定造成的损失和责任。如果现场人员出现违法违规的行为,发包人应当及时予以制止,并作出有效的处理,以杜绝此类事件再次发生。

如果发包人人员有违反上述规定的行为,承包人应当及时依法依约阻止,以避免自身及第三方遭到经济损失或承担其他责任,必要时可要求发包人更换相关发包人人员,以保证施工正常进行。承包人绝不能因为发包人的优势地位而丧失原则,对发包人人员违法违约的行为听之任之；否则,最终不仅使自身遭受经济损失或其他不利后果,还极有可能会承担赔偿责任或其他法律责任。

监理人应当在监理权限范围内对发包人现场人员不遵守法律及安全、质量、环境保护、文明施工等规定进行有效的阻止,以避免造成施工质量安全事故或环境污染事故。

（4）施工现场、施工条件和基础资料的提供

因施工现场、施工条件和基础资料关系到承包人施工能否顺利进行,因此,发包人与承包人在订立合同时均应重视该项工作,并在专用合同条款中就施工现场、施工条件和基础资料的内容与标准作出明确的规定。对于施工现场和施工条件的标准,发包人提供的施工场地的条件应当与招标文件中明确的施工场地的标准一致,以保证承包人能够按照投标文件中的施工组织设计组织施工。对于基础资料,按照《建设工程安全生产管理条例》规定,由发包人对其真实性、完整性和准确性负责,所以发包人应当在开工前一次性向承包人提交真

实、完整、准确的基础资料，以保证承包人据此施工不会给地下管线等造成损害或导致安全质量事故。

如果因发包人原因未能按照合同约定的时间和标准及时向承包人提供施工现场、施工条件和基础资料，由发包人承担由此增加的费用和（或）延误的工期。承包人应当及时提出异议，并就增加的费用和（或）延误的工期按照合同约定和法律规定的程序及时向发包人提出索赔。

如果发包人提供的施工现场、施工条件和基础资料能够满足一部分施工需要，但需要承包人调整施工组织设计，发包人应当与承包人共同评估因此可能增加的费用和（或）对工期的影响，并达成补充协议，对增加费用的承担和（或）工期的调整达成一致，以避免由此引起合同争议，甚至影响合同的正常履行。

虽然法律规定发包人对基础资料的真实性、完整性和准确性负责，但如果基础资料所存在的问题是显而易见的，则承包人应当及时向发包人提出，并有权按照合同约定在发包人解决问题前停止施工，以避免造成损害或导致工程质量问题，否则，承包人应当对由此造成的经济损失和其他不利后果承担相应的法律责任。承包人也应在其经验范围内对发包人所提供的基础资料承担基本审查义务。

（5）资金来源证明及支付担保

发包人提供资金来源证明，主要是要求发包人落实建设资金。根据不同的资金来源渠道，资金来源证明也有所区别。当前建设投资资金的来源渠道主要有以下几方面：财政预算投资、自筹资金投资、银行贷款投资、利用外资、利用有价证券市场筹措建设资金。对于财政预算投资的工程，项目立项批复文件应当对此载明，故项目立项批复文件即为资金来源证明；对于自筹资金投资、银行贷款投资、利用外资、利用有价证券市场筹措建设资金等工程，发包人应当取得资金来源方的投资文件或资金提供文件。

无论是履约保函还是支付保函，目前法律法规并没有作出强制性要求，由合同当事人根据工程实际需要确定是否需要对方提供。如果合同当事人需要对方提供保函，则无论是履约保函还是支付保函，建议采取无条件不可撤销保函形式，以有效约束保函提供方的履约行为。

（6）支付合同价款

发包人应按合同约定向承包人及时支付合同价款。

（7）组织竣工验收

关于工程价款的支付，无论是预付款、进度款、结算款还是质量保证金，发包人与承包人均应当在专用合同条款中就支付条件、支付期限和支付程序作出明确且易操作的规定，并在合同履行过程中严格按照合同约定履行，避免因工程价款的支付产生争议。

对于发包人来说，尤其要注意《建筑工程施工发包与承包计价管理办法》第十八条第 2 款、《建设工程价款结算暂行办法》第十六条第 1 款规定和通用合同条款关于对承包人工程价款调整或结算文件逾期不予答复则视为认可的规定或约定，以避免因此承担不利法律后果。

对于承包人来讲，因按合同约定及时获得工程款的支付是其核心合同权利，所以在订立和履行合同中均应重视相关条款的约定与运用，条款的约定一定要做到清晰明确，合同履行过程中主张工程款的支付应严格以合同条款约定作为依据，以避免引起争议。

对于竣工验收，合同当事人应当根据工程的特点及当事人合同管理水平等具体情况，在专用合同条款中就竣工验收的条件和程序作出明确且易于操作的约定。

发包人应当严格依据工程设计和竣工验收规范组织勘察设计、承包人和监理人对工程质量进行竣工验收，并接受工程质量监督管理机构的监督，不得虚假验收或擅自使用未经竣工验收的工程。如果发包人虚假验收或擅自使用未经竣工验收的工程，发包人需承担由此导致的不利后果。

（8）现场统一管理协议

只有在发包人直接发包专业工程的情况下，才需要单独订立现场统一管理协议。对于由承包人经发包人同意分包的专业工程，或者以暂估价形式发包给承包人之后再由发包人与承包人共同发包的专业工程，对专业工程的现场管理内容应当在施工合同和暂估价专业工程发包合同中约定。

在发包人直接发包专业工程的情况下，现场统一管理协议应由发包人、承包人与专业工程承包人三方共同签订。统一管理协议中应明确发包人、承包人和专业工程承包人的权利义务，总的宗旨应当约定由承包人对施工现场统一管理，专业工程承包人应当接受承包人的现场管理，发包人予以监督。对于承包人根据施工现场统一管理协议对专业工程承包人的管理，发包人负责向承包人支付相关的费用。

3）承包人

本条共涉及承包人的一般义务，项目经理，承包人人员，承包人现场查勘，分包，工程照管与成品、半成品保护，履约担保，联合体8项内容。

（1）承包人的一般义务

合同当事人应在专用合同条款对于承包人履行合同义务的方式、条件和期限，以及不履行、不完全履行或不及时履行该项义务应承担的法律后果等内容作出明确的约定，便于遵照执行，但合同当事人的前述约定不得违背法律、行政法规的强制性规定。

对于在施工合同中没有约定，但根据法律规定或施工合同的特点需由承包人承担的责任和义务，承包人仍应履行，承包人以合同未作约定为由拒绝履行的，应承担由此导致的不利后果。

承包人应严格履行合同约定的责任和义务，否则应承担相应的违约责任。如果合同约定与法律强制性规定相冲突，则合同约定无效，承包人应当依据法律规定履行；反之，如果仅是与法律一般性规定相冲突，在合同合法有效的前提下，承包人应当以合同约定为准。

监理人应严格按照法律规定及合同约定，对承包人施工质量安全等方面的合同义务进行监理，如果监理人怠于行使监理权利和履行监理义务导致承包人履行质量安全义务不符合法律规定，监理人应承担相应的法律责任。

发包人不得明示或暗示承包人违反施工质量安全有关的法律规定，且不得要求承包人降低工程质量安全标准，否则，承包人有权拒绝，如影响合同目的实现或造成违约的，承包人还有权解除施工合同，由此引发的质量、安全问题，发包人应承担相应的法律责任。

（2）项目经理

项目经理的专业能力是承包人履约的关键因素之一，因此关于承包人项目经理的专业能力和任职资格，发包人会在订立合同时作出严格的要求和规定，但承包人往往会在订立合同之后将订立合同时的项目经理进行更换，有的甚至更换为非承包人的员工。为此，发包人除应在合同中就承包人项目经理作出严格的要求和规定外，更应当在合同履行过程中加强对承包人项目经理的监督管理,尤其是加强对承包人更换项目经理和项目经理是否常驻施工现场的监管。

承包人应当在专用合同条款中对项目经理的授权范围作出具体明确的约定,尤其是对于项目经理某些权力的限制,如代表承包人接收工程款或向发包人借款等,更应当具体、明确,以避免因项目经理授权不明,形成表见代理而最终使承包人承担不利后果。对于项目经理在施工质量安全等方面的职责和权力,承包人不得违法违规加以剥夺和限制。

为防止承包人项目经理无正当理由长期不在施工现场,发包人应当在专用合同条款中约定项目经理离开施工现场的条件和期限,离开的期限应当从一次离开的天数和累计离开的天数两方面加以限制,并分别约定违约责任。

授予项目经理在紧急情况下的临时处置权,其目的是为了保证工程及与工程有关人身和财产的安全,因此,发包人和承包人均不应当对此加以不合理的限制甚至剥夺此项权力;相反,合同当事人都应当予以充分保障。

为了防止项目经理滥用该项权利而损害发包人的利益,发包人应当在专用合同条款就项目经理行使该项权利的条件和程序作出必要的限制。

项目经理行使该项权力需受到以下4方面的限制:①只有在涉及工程及与工程有关的人身和财产安全的情况下项目经理才有权行使该项权力;②项目经理只有在同时无法联系到发包人代表及总监理工程师的情况下才能行使该项权力;③项目经理行使该项权力所采取的措施必要且合理得当,而不能随意采取不必要的措施,如遭遇大风天气影响室外作业安全的,项目经理可以采取必要的安全防护措施或暂停室外作业,但不能以此为由暂停室内作业;④项目经理在采取措施后及时向监理人和发包人代表报告全部情况。

为有效限制承包人更换项目经理,发包人应当在专用合同条款中就承包人更换项目经理的条件作出限制,以保证施工合同履行的连续性,并在专用合同条款中就承包人擅自更换项目经理的违约责任作出明确的约定,以便在承包人违约时追究其违约责任。

当发包人和监理人收到承包人更换项目经理的通知后,首先应当依据合同约定及实际情况审查承包人要求更换项目经理的理由是否成立。如成立,则应进一步审查拟继任项目经理是否具备满足合同约定的项目经理的专业知识、技能与经验;如不成立,或拟委派的继任项目经理的专业知识、技能与经验不满足合同约定的条件和要求,发包人和监理人有权否决承包人更换项目经理的要求,且在满足条件之前承包人不得擅自更换项目经理。

由于发包人或监理人仅能从形式上对拟继任项目经理是否具备任职资格和能力进行审查,难以了解承包人所提出的拟继任项目经理的实际情况,因此发包人可以在专用合同条款中对此作出免责约定,约定如果继任项目经理无法胜任岗位职责,并因此导致费用增加或工期延误的,应由承包人承担。

虽然发包人对承包人的项目经理有监督考核,甚至要求承包人更换项目经理的权利,但并非在任何情况下发包人都享有要求更换项目经理的权利,而只能在项目经理不称职的情况下才享有该项权利。因此,为限制发包人滥用该权利,合同当事人有必要在专用合同条款中就项目经理不称职的情况作出明确具体的约定,以防止在合同履行过程中发生争议。如果发包人滥用要求更换项目经理的权利,承包人有权且应当予以拒绝。

在发包人提出更换项目经理的要求时,承包人依然拥有一次改进的机会,一般情况下,若承包人的该次改进符合要求,发包人可不再要求对项目经理予以更换,一定程度上避免了应更换项目经理而引起的矛盾或工程施工效率降低等情形。

为防止承包人在项目经理不称职的情况下拒绝更换项目经理,发包人可以在专用合同条款中明确约定承包人拒绝更换不称职项目经理而应承担的违约责任,以督促承包人依约更换不称职项目经理。

项目经理授权其下属人员履行其某项工作职责需满足以下几个条件:只有在特殊的情况下才能授权其下属人员履行其某项工作职责、被授权的人员应当具备履行相应职责的能力、提前7天将被授权人员的姓名及授权范围书面通知监理人、征得发包人书面同意。为避免在合同履行过程中产生争议,合同当事人应当在专用合同条款中明确约定特殊情况,以避免项目经理对特殊情况恶意扩大解释并随意授权其下属人员履行应由其履行的职责。

为防止发包人权力滥用,在项目经理授权确有合理的理由时拒绝项目经理的请求,建议专用合同条款中约定发包人在项目经理有合理理由的情况下应同意项目经理的要求,如无理拒绝应当承担相应责任,以保证施工合同正常履行;也可以对项目经理授权下属人员履行职责的具体情形进行约定。

(3)承包人人员

承包人主要施工管理人员应当包括合同管理、施工、技术、材料、质量、安全、财务等人员。承包人在提交上述人员的资料时,应当一并提供上述人员与承包人之间的劳动关系和缴纳社会保险的证明,确认上述人员为承包人合法聘用的员工。除此之外还应注意,承包人在提交人员安排报告外,还应提交项目管理机构的报告。

为有效防止承包人转包工程或允许第三方以其名义承揽工程,发包人应当在专用合同条款中就承包人主要施工管理人员作出明确的要求:

① 除要求承包人提交主要施工管理人员的社会保险缴纳凭证之外,还可以要求承包人提供上述人员的工资发放证明;

② 对主要施工管理人员在承包人处任职的期限、经历或经验作出限定和要求,同时就上述人员的更换条件和程序作出具体的要求与规定;

③ 通过限制第三方人员(分包管理人员及承包人专家顾问除外)擅自进入施工现场等方式对承包人的履约行为加以限制;

④ 在专用合同条款中就承包人不履行上述义务所应承担的违约责任作出明确的约定。

(4)承包人现场查勘

承包人在报价前应当充分掌握发包人提交的基础资料,并对施工现场和施工条件进行严格准确地踏勘与了解,并据此编制施工组织设计和进行报价,否则,由此造成费用增加和(或)工期的延误,应由承包人自行承担。

如果发包人提供给承包人的基础资料的真实性、准确性和完整性存在问题,由此导致承包人作出错误的解释和推断,则发包人应当承担增加的费用和(或)延误的工期。

(5)分包

发包人和监理人应加强对承包人工程施工的监督管理,通过加强对承包人工程施工主要管理人员和技术人员的管理,避免承包人非法转包和违法分包现象的发生。对于主体结构、关键性工作的范围,发包人和承包人应当根据法律规定与工程的特点在专用合同条款中予以明确。施工总承包单位不得将房屋建筑工程主体结构的施工分包给其他单位,但考虑到工程结构的实际情况及专业承包资质情况,《建筑工程施工转包违法分包等违法行为认定查处管理办法（试行）》明确了若主体结构是钢结构工程，则可以进行专业分包。

承包人分包工程，只能分包法律及合同约定的非主体和非关键性工程，并且应当根据合同约定或取得发包人同意才能分包工程，分包人应当具备承包分包工程的资质等级条件。对于暂估价专业工程，分包应当按照暂估价条款确定分包人。工程分包后，承包人仍应对分包工程负责，与分包人共同对分包工程承担连带责任。若当事人在专用合同条款中没有作出其他约定，承包人应在分包合同签订后7天内向发包人和监理人提交分包合同副本，以便监理人和发包人对承包人分包和分包人的施工行为进行监督管理。

发包人应当在专用合同条款中就承包人对分包管理的操作程序作出进一步的约定，并要求承包人对分包实行严格的管理，尤其对于劳务分包，应当约定对人员实行实名制管理，管理措施包括但不限于进出场管理、登记造册、各种证照的办理以及工资的发放等。

根据合同相对性原则，分包人只与承包人存在合同关系，而与发包人并不存在直接合同关系，因此分包人的分包合同价款应当由承包人与分包人结算，在合同没有约定或无生效法律文书确认发包人直接向分包人结算工程款的情况下，发包人直接向分包人结算工程款是对承包人合同权益的侵害。因此，为有效防止发包人与分包人直接结算损害承包人合同利益的行为，承包人应当在专用合同条款中约定如果发包人擅自向分包人支付分包价款的，不免除发包人对承包人的付款责任。

因在分包情况下由分包人和承包人共同对发包人承担连带责任，故一般不存在分包人在分包合同项下的义务持续到承包人缺陷责任期届满以后的情形。即对发包人来讲，分包人的义务就是承包人的义务，但如果存在分包人在分包合同项下的义务期限长于承包人的缺陷责任期限这一特别的情况，而发包人在缺陷责任期届满前提出转让的，承包人无权且不应当拒绝。在进行分包合同权益转让时，应签订三方合同，并明确原分包合同中哪些权益进行转让，并注意转让前后各方抗辩权与最终是否承担连带责任问题。

（6）工程照管与成品、半成品保护

在专用合同条款没有其他约定的情况下，承包人对工程及工程相关的材料、工程设备的照管责任自发包人向承包人移交施工现场之日起直到颁发工程接收证书之日止。在承包人负责照管期间，因承包人原因造成工程、材料、工程设备损坏的，由承包人负责修复或更换，并承担由此增加的费用和（或）延误的工期。

对合同内分期完成的成品和半成品，在工程接收证书颁发前，由承包人承担保护责任。因承包人原因造成成品或半成品损坏的，由承包人负责修复或更换，并承担由此增加的费用和（或）延误的工期。因非承包人原因造成成品或半成品损坏的，通常而言，发包人可以委托承包人负责修复或更换，由此增加的费用和（或）延误的工期由发包人承担，但承包人存在过错的，应承担相应的责任。

如果施工现场有承包人难以实现有效管理的特殊材料或设备，承包人应当在专用合同条款中对此进行特别约定，不承担上述材料、设备的照管责任。

（7）履约担保

承包人的履约担保经常采用不可撤销的见索即付保函形式，该保函只要发包人向担保人提出承包人违约，担保人即应向发包人承担担保责任，而不需要发包人提供证据证明承包人违约的事实。关于保函的形式，一般分为银行保函和担保公司保函两种形式，具体形式由当事人在专用合同条款中约定。

担保的期限,一般应当自提供担保之日起至颁发工程接收证书之日止,因此承包人应保证履约担保在颁发工程接收证书前一直有效。但合同当事人应注意,有的银行出具的保函需要明确保函的具体截止日期。

(8) 联合体

根据《建筑法》规定,联合体成员企业均应当具备承揽该工程的资质,否则联合体与发包人订立的施工合同无效。在联合体协议中应当明确各成员企业的权利、义务和责任,并约定牵头人的权利、义务和责任。联合体各成员企业共同与发包人订立合同后,联合体内各成员企业应相互配合全面履行与发包人订立的合同,未经发包人同意,联合体内无权修改联合体协议。联合体成员企业应对合同协议书的履行承担连带责任,即在联合体中某一成员企业不履行合同协议时,其他成员企业均负有履行合同的义务。联合体牵头人应当是联合体成员企业之一,牵头人应当代表联合体与发包人和监理人联系,并代表联合体接收指示,并组织联合体全面履行合同。如因牵头人原因没有按照监理人和发包人指示全面履行施工合同,则联合体仍应当先共同因牵头人的失误对发包人负责,之后再由牵头人根据联合体协议和法律规定对其他成员企业承担责任。

在联合体内部的责任和义务方面,如果某一个或数个联合体成员因故意或重大过失导致联合体对外承担不利后果,则在联合体对外承担责任之后根据联合体成员的过错程度承担相应比例的责任。相关的责任承担原则均应当在联合体协议中予以明确。

4) 监理人

本条共涉及监理人的一般规定、监理人员、监理人的指示、商定或确定4项内容。

(1) 监理人的一般规定

在实践中,因监理人与发包人代表授权范围容易出现交叉,因此,发包人与承包人应当在专用合同条款中就监理人和发包人代表的授权范围作出明确具体的规定,同时应当在专用合同条款中明确哪些行为构成对合同的修改,以免发生争议。对于监理人修改合同、减轻或免除合同约定的承包人的任何责任与义务的行为,承包人和发包人均有权拒绝。

对于承包人来讲,如果发包人代表的授权与监理人的授权出现交叉或授权不明,承包人应当在订立合同过程中以及订立合同后及时向发包人提出,并要求其予以明确,以避免影响承包人正常履行合同。

除专用合同条款另有约定外,监理人在施工现场的办公场所、生活场所由承包人提供,所发生的费用由发包人承担。

(2) 监理人员

监理人对于监理人员的授权应当符合委托监理合同及施工合同专用合同条款中关于监理人授权的约定,对于实行强制监理工程,对监理人员的授权还遵守法律的规定。如果监理人授权超出合同约定,则承包人有权提出异议,如监理人对承包人合理的异议不予接受,则承包人应当要求发包人就该事项作出处理和决定。若监理人更换其委派的监理人员,监理人应在征得发包人同意后应当提前通知承包人,以保证施工合同的顺利履行。对于监理人对其监理人员的任何授权,承包人均应当要求监理人提供书面的授权,否则,承包人有权拒绝接受监理人员的指示。

(3) 监理人的指示

监理人按照发包人的授权发出监理指示,但是发包人对监理人的授权、撤销授权等事项是否需要有特殊的形式要求,合同当事人应作出明确约定,以免产生争议。

合同当事人要在专用合同条款中明确总监理工程师行使确定的权力范围,以及是否可以授权或者委托其他监理人员。

（4）商定或确定

合同争议的商定或确定,需要总监理工程师具备处理合同争议的专业能力和秉持公正的立场,发包人除了重视总监理工程师专业技能外,还应重视总监理工程师的职业素养和道德品质。

总监理工程师的确定应当附具详细的理由及充分的依据,否则,总监理工程师的确定可能无法定纷止争,甚至引起新的争议。因此,合同当事人在适用该条款时应当尤为慎重。

5）工程质量

本条共涉及质量要求、质量保证措施、隐蔽工程检查、不合格工程的处理、质量争议检测5项内容。

（1）质量要求

如合同当事人没有在专用合同条款中约定工程质量特殊标准或要求,那么工程质量应当符合现行国家质量验收规范和标准。如合同当事人在专用合同条款中约定特殊质量标准,则其不能低于国家质量验收规范和标准,只能高于国家质量验收规范和标准。如合同当事人的施工工程没有国家质量验收规范和标准时,应该参照相似工程的国家质量验收规范和标准或者行业质量验收规范和标准,对此当事人可在专用合同条款中进行明确约定。

根据谁主张谁举证的基本原则,承包人主张发包人承担责任时负有举证责任,需要证明工程质量不符合标准是发包人原因造成的;同理,发包人主张是承包人原因时,也要承担举证责任。本条款对发包人承担责任方式的约定仍是原则性的,为了减少争议,建议双方在专用合同条款中对发包人的责任进行具体的约定,比如承包人利润的计算标准和方式。承包人依据此项约定进行费用、工期和利润索赔时,应注意合同对索赔期限的约定,避免逾期丧失索赔权利。

由于工程施工质量主要由承包人负责,所以一旦出现工程质量问题,如果承包人不能举证证明是由其他原因（如设计缺陷、发包人过错等）造成的,则由承包人承担所有质量责任。对于发包人来说,承包人承担工程质量问题的责任就是将工程修复至合格,并承担工程延误的违约责任。但是工程质量无法修复或修复费用明显高于已完工程成本的,发包人有权解除合同并拒绝支付工程款。

（2）质量保证措施

发包人应严格按照法律法规规定履行质量管理责任,如选择有资质的设计人、监理人,不得压缩合理工期,不得使用未经审定的图纸等,以保障建设工程的质量要求。对于发包人应该承担的其他质量管理义务,双方可以在其他合同条款中进行约定,其他合同条款未作约定的,可以在专用合同条款中进行具体约定。

承包人首先要根据法律法规的规定履行质量管理义务,这是其法定义务,无论本条款是否约定。发包人有权按照本条款约定对承包人履行义务的情况进行监督,并及时对承包人违约行为予以提示改正;同时发包人、监理人也有义务对承包人履行本条款的行为进行配合,比如,及时确认承包人提交的施工措施计划,及时检查、检验承包人的施工等。发包人、监理人怠于履行相应配合义务的,承包人有权要求发包人、监理人承担相应责任。对于发包人与监理人的"错误指示",承包人有权拒绝实施,同时承包人可以基于其专业判断提出合理化建议。发包人或监理人拒不改正"错误指示",影响到后续施工的,承包人有权暂停施工。

由于监理人的检查和检验,并不免除或减轻承包人按照合同约定应当承担的质量责任,所以承包人在施工中不能因为有了监理人检查检验就不重视施工质量。发包人应承担因监理人在检查与检验中出现的不当行为而增加的费用和工期等法律责任,所以发包人应对监理人的监理行为进行监督。

（3）隐蔽工程检查

隐蔽工程的检查,承包人应先行自检,然后才能通知监理人检查。如果承包人未进行自检,就通知监理人检查,监理人可以拒绝检查,由此延误的工期或增加的费用由承包人承担。承包人和监理人应严格按照约定的程序进行检查,承包人有通知的义务,监理人有及时回复并参与检查的义务,否则应承担相应的不利后果;双方可以在专用合同条款中对检查的程序和期限进行约定,但应该合情合理。本条虽然赋予监理人和发包人重新检查权,但是发包人和监理人不能滥用该权力,否则造成的损失,承包人有权以发包人或监理人存在过错进行索赔。承包人应在施工中避免私自覆盖,如果通知监理人或发包人后,监理人或发包人未及时进行检查,承包人覆盖的,应该保留通知监理人或发包人的证据,避免被认定为私自覆盖。

（4）不合格工程的处理

对于质量不合格的工程,首先要查明不合格是承包人原因造成,还是发包人原因造成,或是承包人和发包人共同原因造成,或是勘察、设计等第三人原因造成,然后根据本条约定承担相应的责任。为避免不合格工程,承包人和发包人在工程施工中都要遵循谨慎负责的精神,严格按照施工规范进行施工,避免工程出现质量问题。

发包人和承包人在工程质量不合格的情形下,都有义务避免损失的进一步扩大。无论何种原因造成工程质量不合格,承包人和发包人在发现质量问题后,都应该及时进行补救,不应消极对待,放任损失的扩大,否则要对扩大的损失承担责任。

发包人和承包人承担责任的方式与内容有一定的区别,特别是发包人要承担承包人的利润损失,鉴于承包人的利润损失在实践中很难界定,双方可以在专用合同条款中约定具体的计算方式和标准。

根据法律规定,承包人施工的工程质量不合格的,发包人的权利具体包括:①有权拒绝接受;②有权拒绝支付工程款;③有权要求承包人赔偿损失。故承包人要高度重视工程的施工质量,避免因施工质量不合格造成巨大的经济损失。

（5）质量争议检测

工程质量出现问题主要表现为工程质量不合格、材料质量不合格或者质量缺陷等情形,且产生争议势必影响到工程结算与最终结清。因此在合同当事人产生争议时,采取通过中立的第三方即双方协商确定的质量检测机构进行质量鉴定的技术方式,可以比较客观地划分责任。

双方当事人无法达成一致确定质量检测机构或者双方对于鉴定结果确定的责任划分存在分歧时,2017版施工合同启动了商定或确定机制,即由总监理工程师会同合同当事人尽量协商达成一致,不能达成一致的,按照总监理工程师的确定执行。若对总监理工程师的确定有异议,则应按照争议解决条款处理。

6）安全文明施工与环境保护

本条共涉及安全文明施工、职业健康、环境保护 3 项内容。

（1）安全文明施工

工程施工中的安全生产义务是法定的，当事人必须履行。《建设工程安全生产管理条例》第 4 条规定，建设单位、勘察单位、设计单位、施工单位、工程监理单位及其他与建设工程安全生产有关的单位，必须遵守安全生产法律、法规的规定，保证建设工程安全生产，依法承担建设工程安全生产责任。合同当事人对安全生产标准有在专用合同条款中作出具体约定的权利，但是专用合同条款中约定的标准应该更严格。对于施工过程中突发的地质变动、事先未知的地下施工障碍等影响施工安全的紧急情况，必须停工的，由此造成的损失应该按照不可抗力的情形处理并分担责任。一般来说，此种情形主要有地下施工中发现文物古迹，地下水暗流，岩土层结构与勘察资料不一致等。承包人应当制定本单位的生产安全事故应急救援预案，建立应急救援组织或者配备应急救援人员，配备必要的应急救援器材、设备，并定期组织演练。

对于特别安全生产事项，承包人负责项目管理的技术人员在施工前，应当对有关安全施工的技术要求向施工作业班组、作业人员作出详细说明并进行相应的交底，由双方签字确认。从事特种作业的劳动者必须按照《劳动法》与住房和城乡建设部《建筑施工特种作业人员管理规定》经过专门培训并取得特种作业资格。

承包人在动力设备、输电线路、地下管道、密封防震车间、易燃易爆地段以及临街交通要道附近施工时，由于这些地点存在较大的安全隐患，事故涉及范围广泛，后果严重，因此在这些特殊地点施工前承包人应加强安全防护责任，并向发包人和监理人提出安全防护措施，经发包人认可后方可实施。

危险性较大的分部分项工程施工须按照《危险性较大的分部分项工程安全管理办法》（建质〔2018〕37 号），编制专项施工方案或者组织专家论证。

对于危险性较大的分部分项专项工程施工方案，建筑工程实行施工总承包的，施工总承包单位组织编制；对于超过一定规模的危险性较大的分部分项工程，施工单位应当组织专家对专项方案进行论证；不需专家论证的专项方案，经施工单位审核合格后报监理单位，由项目总监理工程师审核签字。

鉴于发包人为工程的所有权人，承包人只是施工的组织者，因此施工现场原则上应当由发包人负责建立治安管理机构，故 2017 版施工合同约定，首先由发包人承担工程治安管理的责任，当然合同当事人也可以在专用合同条款中约定采用由发包人和承包人共同分工负责的方式或其他方式。

施工现场不仅有作业区，还有生活区、办公区，因此发包人和承包人还应做好包括生活区在内的各自管辖区的治安保卫工作。上述约定有利于明确责任划分，更好地进行安全保卫工作，在发生治安事件后，也有利于当事人的快速处理。

发包人和承包人应当在开工后 7 日内共同编制施工现场的治安管理计划，制定应对突发治安事件的紧急预案，其目的在于督促合同当事人尽快完成此项工作，提高对治安管理责任的重视。合同当事人可以在专用合同条款中约定由发包人或承包人具体负责编制施工现场治安管理计划、制定应对突发治安事件紧急预案。

合同强调了承包人在施工现场保留保修期内所需的材料、工程设备和临时工程，需经发包人"书面"同意。为了避免影响发包人对工程竣工后的正常使用,减少可能产生的安全隐患,保持良好的工程状态,并明确承包人保留在现场的材料、设备的数量、规格、型号、保存地点等事项,避免日后发生争议,有必要通过书面方式确定相关内容。工程所在地有关政府行政管理部门有特殊要求的,承包人须按照其要求执行。

安全文明施工费的资金保证及专款专用对于施工期间的安全和质量意义重大,也影响着工程进度的顺利实施。因基准日期后合同所适用的法律或政府有关规定发生变化,增加的安全文明施工费仍应由发包人承担,但是承包人应该承担举证证明责任。对于承包人未经发包人同意采取合同约定以外的安全措施的,则根据其避免了承包人的损失还是避免了发包人的损失,导致费用承担主体不同,极易发生争议,故承包人应该保留相应证据,如果双方不能达成一致意见,应该放在工程竣工结算后进行统一处理,不能影响工程的施工。承包人对安全文明施工费应专款专用,发包人或监理人有权对承包人安全文明施工费的使用情况进行监督、检查,承包人应予以配合并提供安全文明施工费使用的相关资料。因发包人延迟支付安全文明施工费,造成工程停工的,发包人应承担违约赔偿责任。同时,实践中安全文明施工费是否单独支付,双方可以在专用合同条款中作特别约定。

对于安全事故,承包人有抢救的义务。承包人拒绝抢救的,或者该事故只有专业抢救机构才能实施的,监理人或发包人有权委托第三人进行抢救,保障安全事故及时处理,避免带来更大的损失。发生安全事故时,发包人和承包人都有义务采取措施处理安全事故,减少人员伤亡和财产损失,防止事故扩大,保护事故现场。对于安全事故造成的损失和工期延误,应该根据事故的原因进行分担。发生生产安全事故时,发包人和承包人都有义务及时、如实地向负责安全生产监督管理的部门、建设行政主管部门或者其他有关部门报告,接到报告的部门应当按照国家有关规定,如实上报。实行施工总承包的建设工程,由总承包单位负责上报事故。因为当安全事故后果达到一定严重程度时,发包人和承包人均有可能构成重大安全事故罪,承担相应刑事责任,所以发包人和承包人均应加强对工程安全的管理。

发包人承担赔偿责任的情形有两种:第一种是因工程本身对土地的占有和使用对第三人造成的财产损失;这是依据发包人对工程享有所有权进行工程建设而造成了对第三人人身和财产的损害赔偿责任,该责任的法律基础为无过错责任。第二种是因发包人原因造成的自身人员、承包人、监理人和第三人人身伤亡与财产损失。因发包人原因造成承包人、监理人和第三人人身伤亡与财产损失,应适用《侵权责任法》的规定;对发包人自身人员造成的人身伤害,应适用《劳动法》工伤保险的法律规定。因承包人原因造成包括发包人在内的任何第三人人身伤害和财产损失的,应适用《侵权责任法》的规定。发包人和承包人各自雇用的工作人员因执行工作任务造成他人人身伤害和财产损失的,由用人单位承担侵权赔偿责任。工作人员在工作中有重大过失或过错的,用人单位对外承担责任后,可以要求工作人员在其过错范围内补偿。

(2) 职业健康

承包人应按照《劳动法》等法律规定保障劳动者的工资报酬、休息休假的权益,提供安全的劳动生产条件,这是承包人的法定义务。对于必须具有资格许可的劳动人员,承包人应按照国家有关规定为其雇用人员办理各种必要的证件、许可、保险和注册等,同时应督促其分包人为分包人所雇用的人员办理必要的证件、许可、保险和注册等。承包人应该与员工建立合法的劳动关系,缴纳社保费用,特别是工伤保险费,在发生工伤事故后,可以保障员工获得国家工伤保险补偿,同时降低公司的损失。

本款中约定承包人依法为其履行合同所雇用的人员提供必要的生活卫生条件,并保证雇用人员的健康,从生活条件、医疗等方面保障劳动者的合法权益。如果因为承包人不能提供安全卫生的工作和生活场所,造成人员病亡或传染疾病暴发的,承包人可能要承担行政处罚责任甚至刑事责任。

(3) 环境保护

施工过程中一旦造成环境污染,则治理成本增加、技术难度提高,故在工程开始施工前应增加环境保护的意识,约束承包人采取有效的环境保护措施。做好施工期间的环境保护是承包人的法定义务,也是承包人应尽的社会义务。

承包人在施工时应当遵守有关环境保护和安全生产的法律、法规的规定,采取控制和处理施工现场的各种粉尘、废气、废水、固体废物以及噪声、振动对环境的污染和危害的措施。对于可能引起大气、水、噪声以及固体废物污染的施工作业要事先做好具体可行的防范措施。

承包人作为污染者,应对其引起的环境污染承担侵权损害赔偿责任,由此导致的暂停施工,承包人承担由此增加的费用和延误的工期;由此产生的周边群众不满等群体事件,承包人和发包人都应高度重视、积极处理,承包人承担由此发生的费用和延误的工期。

承包人在签订合同时应全面考虑可能发生的费用,合同一经签订,就视为承包人已经认识到了保护环境可能面临的所有风险,除非因法律变化引起调整的条款导致承包人保护环境的费用增加,承包人不可就保护环境所发生的其他费用要求发包人进行补偿。

根据法律规定,环境污染侵权责任实行举证责任倒置原则,即承包人应当就法律规定的不承担责任或者减轻责任的情形及其行为与损害之间不存在因果关系承担举证责任,否则须承担环境污染侵权责任。

7) 工期和进度

本条共涉及施工组织设计、施工进度计划、开工、测量放线、工期延误、不利物质条件、异常恶劣的气候条件、暂停施工和提前竣工 9 项内容。

(1) 施工组织设计

工程勘察设计等基础资料是承包人编制施工组织设计的重要依据,发包人应保证其向承包人提供的基础资料真实、准确和完整;发包人对工程的施工组织设计有特别要求的,应将此等要求在招标文件或专用合同条款中予以明确,承包人在编制施工组织设计时应将发包人的此等要求考虑进去;招标发包的工程,承包人一般在其投标时即已提交过初步施工组织设计,在签订合同后需要按照合同要求,在投标阶段施工组织设计文件基础上提交详细的施工组织设计;对危险性较大的分部分项工程,承包人在施工组织设计中还应依据《危险性较大的分部分项工程安全管理办法》等规定,编制危险性较大的分部分项工程的专项施工方案;对于超过一定规模的危险性较大的分部分项工程,施工单位应当组织专家对专项方案进行论证。承包人还应当注意相关法律法规的要求,如果法律法规有强制性要求,在编制和提交施工组织设计文件时也应当遵守。

根据 2017 版施工合同通用合同条款的约定,考虑到施工组织设计的重要性,对于施工组织设计安排为监理人审核,发包人审批。发包人和监理人均有权对施工组织设计提出修改意见,对发包人和监理人提出的合理意见与要求,承包人应自费修改完善。监理人的审核与发包人的批准,不免除承包人的责任和义务。合同双方可在专用合同条款中约定提交施工组织设计的最迟时间。

（2）施工进度计划

承包人编制进度计划应充分考虑工程的特点、规模、技术难度、施工环境等因素,符合合同对工期或节点工期的约定。进度计划不能与工程实施的实际情况相脱离,也不能任意迎合发包人的工期要求而违背科学和现实条件,压缩合理工期。合理工期可以参照当地建设行政主管部门或有关专业机构编制的工期定额确定。发包人对承包人提交的施工进度计划应在约定期限内予以审批,没有约定期限的应在合理期间内及时审批,以便承包人可以尽快按照经审批的进度计划组织施工。发包人和承包人最好在专用合同条款中约定详细施工进度计划和施工方案的内容与提交期限,以及监理人的审批期限,避免因约定不明影响与合同进度计划有关的管理目标的实现。发包人或监理人还应在合同约定的期限内完成对修订的施工进度计划的审批,双方可以在专用合同条款中约定不同于本条款审批期限的期限。鉴于按照合同约定完工是承包人的主要义务之一,因此发包人同意承包人所提出的经修订的施工进度的,并不减轻或免除承包人应当承担的责任和义务,承包人不能以发包人的同意作为免责的理由,不能以此认为合同当事人对合同工期进行了变更。

（3）开工

发包人应积极落实开工所需的准备工作,尤其是获得开工所需的各项行政审批和许可手续,避免因工程建设手续的欠缺,影响工程合法性。承包人在合同签订后,应积极准备各项开工准备工作,签订材料、工程设备、周转材料等的采购合同,确定劳动力、材料、机械的进场安排,避免因准备不足,影响正常开工。

在发包人无法按照合同约定完成开工准备工作的情况下,承包人应采取有效措施,避免损失的扩大。因发包人原因迟延开工达到90天以上的,合同当事人应先行就合同价格调整协商,达成一致的应签订补充协议或备忘录。无法达成一致的,承包人有权解除合同,合同解除后的清算和退场参照相关条款。因发包人原因延期开工,承包人有权提出价格调整或解除合同的期限,合同当事人可以在专用合同条款中作出不同于通用合同条款期限的约定。监理人发出开工通知后,因发包人原因不能按时开工的,应以实际具备开工条件日为开工日期并顺延竣工日期;因承包人原因不能按时开工的,应以开工通知载明的开工日期为开工日。

（4）测量放线

发包人应及时提供测量基准点、基准线和水准点及其书面资料,并对其真实性、准确性和完整性负责,承包人应根据其专业知识和经验对发包人提供的资料进行复核,并将发现的错误及时通知监理人,便于及时纠正错误,避免对工程实施造成不利影响。

发包人提供的测量基准点、基准线和水准点存在错误,承包人应当发现而未发现或虽然发现但没有及时指出的,承包人也应承担相应责任,合同当事人可在专用合同条款中对此进行具体约定。

承包人应当根据国家测绘基准、测绘系统和工程测量技术规范,按照合同和基准资料要求进行测量,并报监理人批准。监理人有权监督承包人的测量工作,可以要求承包人进行复测、修正、补测。

（5）工期延误

发包人应依据合同约定完成应由其承担的开工准备工作,提供工程施工所需的图纸、基础资料等,并及时办理工程施工相关的指示、批复、证件,落实工程建设资金,严格按照合同约定支付合同价款,避免因其自身原因延误工期。

合同当事人应明确监理人发出指示、批准的程序及时限,发包人应督促监理人按照合同的约定及时发出指示、批准,以避免监理人不依照合同约定发出指示、批准致使工期受延误。

承包人应编制科学合理的施工组织设计,并严格按照施工进度计划组织施工,做好人员、材料、设备、资金等各要素的衔接,落实质量和安全管理措施,加强对分包单位的管理,避免因自身原因导致工期延误。

(6)不利物质条件

为避免"不利物质条件"认定的困难,发包人和承包人可以结合项目性质、地域特点等,在专用合同条款中直接列明"不利物质条件"的内容,如岩土、水文条件等障碍物和污染物;承包人需注意收集与"不利物质条件"有关的证据资料,如岩层构造资料、水文地质资料,以便在争议发生时,更好地维护己方权益。

承包人在遭遇"不利物质条件"后,应及时通知发包人和监理人,并立即采取措施避免损失扩大。发包人应尽快组织检验、核查,确认构成"不利物质条件"的,应通过监理人发出变更指示,并按变更程序核定承包人发生的费用和应予顺延的工期。

为减少"不利物质条件"对工程进度和费用的影响,发包人和承包人可以在专用合同条款中约定承包人遭遇"不利物质条件"时的通知期限、发包人核定的期限及监理人发出指示的期限。

(7)异常恶劣的气候条件

为便于准确认定"异常恶劣的气候条件",避免承发包双方因异常恶劣的气候条件的认定发生争议,发包人和承包人可以结合项目性质、地域特点等在专用合同条款中直接约定哪些情况属于"异常恶劣的气候条件",例如可约定24小时内降水量达50.0~99.9mm的暴雨,风速达到8级的台风,日气温超过38℃或低于零下10℃等气候状况。不同的地区气候条件不同,建议双方参考工程所在地的历史气象资料约定具体的气象数据。

发生异常恶劣气候时,承包人需收集相关证据材料,如当地气象资料,并及时向发包人主张权益,避免因资料的欠缺或现场情况的灭失,导致合同当事人产生争议。另外,在发生异常恶劣气候时,承包人应采取措施避免损失扩大,否则无权对扩大损失部分要求补偿。

为减少"异常恶劣的气候条件"对工程进度和费用的影响,发包人和承包人可以在专用合同条款中约定承包人遭遇"异常恶劣的气候条件"时的通知期限、发包人核定的期限及监理人发出指示的期限。

(8)暂停施工

鉴于停工对工程建设将产生重大影响,行使停工权须十分谨慎。发包人和承包人均应当按照合同约定的程序和书面文件往来要求,慎重地对待停工。行使停工权必须有合同依据或法律依据,无合同依据或法律依据的停工将构成违约。

① 关于停工期间的费用损失计算问题。停工期间的费用通常涉及项目现场人员和施工机械设备的闲置费、现场和总部管理费,停工期间费用的计算通常以承包人的投标报价作为计算标准,但由于停工期间设备和人员仅是闲置,并未实际投入工作,发包人一般不会同意按照工作时的费率支付闲置费。为了保证停工期间的损失能够得到最终认定,承包人应做好停工期间各项资源投入的实际数量、价格和实际支出的记录,并争取得到监理人或发包

人的确认,以作为将来索赔的依据。

② 关于承包人擅自停工,且收到监理人通知后 84 天内仍未复工问题。参照《合同法》第 94 条的规定,即当事人一方迟延履行主要债务,经催告后在合理期限内仍未履行的,视为构成根本违约,守约方有权解除合同。在此种情况下,发包人有权按照承包人违约情形的约定通知承包人解除合同。当然,当事人可以在专用合同条款中作出其他特别约定。

发包人应当在监理合同和专用合同条款中对监理人指示暂停施工的权利进行约定。

③ 承包人必须在客观条件符合行使本条款所规定的紧急情况下的停工权的标准时,才可以行使该项权利,否则,承包人擅自停工需承担由此导致的不利后果。并且,监理人收到承包人紧急停工通知后,应尽快答复,逾期未答复,则视其已同意承包人停工。

合同当事人应注意,复工前,承包人应在发包人、监理人或其他见证方在场的情况下,对受影响的工程、工程设备和材料等进行检查与确认,需要采取补救措施的,承包人还应当进行补救,相关费用由引起停工的责任人承担。

即使非承包人过错引起停工,承包人也应履行工程照顾义务。若承包人未尽照顾保护义务,则无权要求责任方补偿因此支出的费用,同时需承担扩大部分的损失。

根据《建筑法》规定,实行施工总承包的,总承包单位应负责施工现场安全,因此总承包人不能免除停工后的工程照顾、看管、保护义务。

在暂停施工的情况下,承包人还负有采取适当措施防止损失扩大的义务。因工程质量、安全或减损需要,应由发包人配合的事务,发包人应积极配合完成,否则应对扩大部分的损失承担责任。

(9) 提前竣工

合同当事人约定提前竣工的,须就提前竣工的费用承担、工期调整以及提前竣工奖励等事项签订补充协议,便于合同当事人遵照执行。

合同当事人不得通过提前竣工的约定,压缩合理工期。合理工期可以参照当地政府主管部门或行业机构颁布的工期定额或标准确定。合理工期被任意压缩,将扩大安全隐患或导致质量、安全事故的发生。

承包人应注意,即便是由发包人提出提前竣工,只要承包人同意,承包人不得以此为由减轻或免除其按照合同约定应承担的责任和义务。

8) 材料与设备

本条共涉及发包人供应材料与工程设备、承包人采购材料与工程设备、材料与工程设备的接收与拒收、材料与工程设备的保管与使用、禁止使用不合格的材料和工程设备、样品、材料与工程设备的替代、施工设备和临时设施和材料与设备专用要求 9 项内容。

(1) 发包人供应材料与工程设备

对于发包人供应材料与工程设备,双方应当在专用合同条款中就材料、工程设备的品种、规格、型号、数量、单价、质量等级和送达的地点及其他合同当事人认为必要的事项作出明确的约定,以及约定发包人逾期供货应当承担的责任。

在发包人供货之前,承包人应提前通过监理人通知发包人及时供货,如果因承包人不及时通知造成费用增加或工期延误,则应由承包人承担责任;反之,则应由发包人承担责任。如果合同当事人认为本条款规定的 30 天通知期限过长或过短,可以在合同专用条款中根据工程特点、甲供材料的具体情况作出特别约定。

承包人依据约定修订施工进度计划时,需同时提交修订后的发包人供应材料与工程设备的进场计划,以便发包人就供货计划作出调整。如果因承包人原因修订进场计划,且由此造成发包人费用增加,承包人应承担责任。

(2) 承包人采购材料与工程设备

对于应由承包人采购的材料和工程设备,承包人应当严格按照设计和有关标准采购,并对质量负责,发包人不得指定厂家和供应商。

对于应由承包人采购的材料和工程设备,发包人指定厂家和供应商的,承包人有权拒绝,如承包人未予拒绝并使用发包人指定材料和工程设备,出现因指定的材料和工程设备供应商原因导致工程质量安全事故时,不能免除承包人的责任,发包人在其过错程度内也应当承担相应的责任。

(3) 材料与工程设备的接收与拒收

对于发包人供应的材料和工程设备,发包人应当对质量负责,但承包人也应当依据法律规定和合同约定对材料进行清点,并对质量检验和接收工作负责。承包商尤其要重视和履行质量检验义务,如果发包人供应的材料和工程设备本身不合格而承包人未尽到合理的检验义务,导致不合格的材料和工程设备被用于工程,除发包人应对质量负责外,承包人也应当承担相应的责任。

对于发包人的供货行为,如果不符合合同约定,由此造成承包人费用增加或工期延误,发包人应当承担违约责任。为避免因违约责任的标准产生争议,当事人应当在专用合同条款中就违约责任的标准作出明确的约定。

承包人应对由其采购的材料和工程设备的质量负责,无论该材料和工程设备是否通过监理人检验,均不免除承包人的质量责任。因此,承包人应当保证采购的材料和工程设备或制造、生产的工程设备和材料符合设计要求、国家标准及合同约定。

监理人需严格按照设计要求和有关标准以及合同约定的标准对承包人材料和工程设备进行检验,如果监理人未能尽到合理的检验义务,导致承包人供应的不合格材料和工程设备用于工程,监理人也应当承担相应责任。

(4) 材料与工程设备的保管与使用

无论发包人还是承包人采购的材料和工程设备,采购方均应当对材料和工程设备的使用负责。

发包人或监理人要求承包人进行修复、拆除或重新采购的标准为"不符合设计或有关标准要求",合同当事人可在专用合同条款中对承包人提供的材料及设备应符合的标准进行明确,避免就此产生争议。

(5) 禁止使用不合格的材料和工程设备

质量不合格的材料和工程设备由采购方负责。但如果监督管理方不严格履行相应的监督管理义务,从而导致不合格的材料和工程设备用于工程,也应当承担相应的民事责任、行政责任甚至刑事责任。

无论发包人、承包人还是监理人,均应当在自身责任范围内做好材料和工程设备的质量监督管理工作,严格履行质量责任和义务,以保证建设工程的质量。

承包人明知发包人提供材料和工程设备质量不合格而仍然使用的,承包人应对其过错承担相应的违约责任。

（6）样品

样品是用来确定材料和工程设备的特征与用途,因此,无论承包人还是监理人均应当重视样品品质的确认和保管,以避免因样品品质不确定或不稳定导致合同争议。尚需强调的是,单凭样品不足以改变合同,如需调整合同,应当作出特别的约定。

为避免争议,发包人与承包人应当在专用合同条款中进一步就样品的确认和保管作出详细且易操作的约定,必要时可以委托由发包人与承包人共同选定的第三方对样品进行保管。如果样品的品质发生变化,则应当由承包人重新报送样品,由此增加的费用或延误的工期,由责任方承担。

（7）材料与工程设备的替代

材料与工程设备的替代,承包人应当以确有需要为原则。在确需使用材料和工程设备替代品的情况下,承包人应在使用替代材料和工程设备28天前书面通知监理人,通常应附替代品和被替代品的详细信息文件。

对于替代品的使用条件、程序、使用替代品的提前通知期、监理人发出指示的期限,合同当事人可以在专用合同条款根据工程具体情况进一步作出易于操作的约定。

（8）施工设备和临时设施

施工设备和临时设施如果约定由发包人提供,则合同当事人应当在专用合同条款中对发包人提供的施工设备或临时设施的种类、规格、型号、质量、期限、验收等作出明确的约定,并约定发包人不能提供应当承担的责任。为保证施工安全,承包人提供的施工设备和临时设施,应当接受监理人的核查。

如果承包人提供的施工设备不能满足合同约定的施工进度需要,为保证施工按合同计划进行,承包人应当主动更换或增加施工设备,监理人也有权要求承包人更换或增加,在监理人要求更换或增加的情况下,如果承包人没有合理的解释和适当的理由使发包人与监理人相信承包人施工进度和质量满足合同约定的要求,或实际上施工进度已经延误、施工设备已经影响了工程质量,则承包人应当予以更换或增加。由此增加的费用或延误的工期,由承包人承担。

国家对特种设备类的施工设备如塔吊、吊篮等的安装和使用均有特别规定,除了安装单位需具备相应资质外,承包人在安装和使用这类施工设备前,需向建设行政主管机关申请备案或审批,未办理相应备案或审批手续的,即使通过了发包人或监理人的审核,也不能投入使用。

（9）材料与设备专用要求

虽然基于材料与设备的专用要求,未经发包人批准,承包人不得撤走施工现场材料、设备、物品等,但若坚守本条款约定可能造成施工成本增加或损失扩大,双方应对本条款约定灵活适用,比如因发包人原因或其他发包人应当承担责任的事由,导致承包人较长时间窝工或停工的,毫无疑问会造成承包人设施设备闲置,如果仍然坚持承包人的设施设备需经发包人批准才能运离现场,则发包人将面临承担设施设备闲置费不断扩大的风险。为此,只要承包人施工进度和质量满足合同约定,则基于节约成本的考虑或避免损失扩大,发包人和承包人可在专用条款中对设施设备专用于工程及特殊情况的处理作出更为详细、合理的约定。

9）试验与检验

本条共涉及试验设备与试验人员,取样,材料、工程设备和工程的试验和检验,现场工艺试验 4 项内容。

（1）试验设备与试验人员

合同当事人应当在专用合同条款中对需要由承包商在施工现场配置的试验场所、试验设备和其他试验条件以及对其的具体要求作出明确的约定。该事项为本条款使用过程中的重点，合同当事人务必对此作出尽可能具体明确的约定，以避免在施工过程中产生不必要的争议。

承包人应向监理人提交试验设备、取样装置、试验场所和试验条件的"相应进场计划表"及试验人员的"名单及其岗位、资格等证明材料"，但未同时明确规定承包人提交这些材料的时间要求，合同当事人在签订合同时应当注意该问题并作出明确约定。

承包人提供的材料，其检验试验费用通常由承包人承担并已包括在合同价格中。发包人提供的材料，承包人仍应按照合同约定的标准进行检验试验，符合要求的方可使用，但检验试验费用一般由发包人承担。

试验人员必须具备相应的资格，能够熟练检测试验，试验人员要对试验程序的正确性负责。本条款约定的检测机构应当是具备相应的资质和能力的工程质量检测机构。

（2）取样

合同当事人应注意取样见证人员应具备相应的资格和能力，并保证取样见证的程序符合法律的规定，尤其是《房屋建筑工程和市政基础设施工程实行见证取样和送检的规定》的相关规定。

关于不同产品和项目的取样国家一般都有明确的规范或要求，因此本条款关于取样的规定比较简要。如果发包人对此有特殊要求，需要进行具体规定时，应当在专用合同条款中予以明确约定。

若国家法律法规、强制性标准、有关行政规章对试验和取样有相关规定，也必须遵守相应的规定。

（3）材料、工程设备和工程的试验和检验

材料、工程设备和工程的试验和检验的具体范围，由法律、法规、规章和工程规范等规定以及合同约定，没有规定和约定的，不需要进行材料、工程设备和工程的试验和检验。

如果发包人或监理人指示的检验和试验范围超出法律与合同约定的范围，承包人应当实施，但是，由此增加的费用和延误的工期，由发包人承担。

无论是承包人自检、监理人抽检、监理人与承包人检验或试验，主持与参与的单位和人员都应当严格遵守法律法规和行政规章的规定，遵守相应的操作规范，不能进行任何违规操作或欺诈行为，以保证检验与试验的过程客观、严谨、有效、公正，否则，可能导致检验或试验的结果无效，并承担相应的法律责任，因此引发质量事故的，更要受到法律的严厉追究。

合同当事人可以在专用合同条款增加试验通知义务、通知时限、通知内容等以及相关时间要求，如承包人提供必要的试验资料和原始记录的时间要求、承包人有异议申请重新共同进行试验的时间要求及承包人自检后将试验结果送监理人的时间要求等条款，以保证其可操作性。

（4）现场工艺试验

法律规定或合同约定的工艺试验，承包人应当根据要求实施，并且由承包人承担相应的费用和工期。监理人要求的工艺试验，承包人也应当实施，但是，工艺试验的费用和工期应当由发包人承担。

发包人如果需要安排超出法律强制性规定的工艺试验,应当在专用合同条款中对该工艺试验义务及其费用承担予以明确约定,以免事后发生纠纷。

监理人超出法律规定和合同约定要求实施的工艺试验,承包人也应当实施,但是,承包人应当按照合同关于索赔的规定,及时索赔由于实施工艺试验而增加的相应费用和工期。

10)变更

本条共涉及变更的范围、变更权、变更程序、变更估价、承包人的合理化建议、变更引起的工期调整、暂估价、暂列金额和计日工8项内容。

(1)变更的范围

变更发生的时间应当为合同履行过程中,而非订立合同阶段;严格控制变更的范围,尤其是取消工作的变更事项,不得出现由发包人自行实施或交由第三人实施的情形,并同时符合法律的其他规定。

结合具体工程的情况,明确在专用合同条款中是否需要对变更范围进行调整和补充。需要前往当地建设行政主管部门进行备案监管的变更事项,应当遵循当地建设行政主管部门的规定要求,前往当地主管部门进行备案。

(2)变更权

鉴于发包人为工程的投资主体,且并非为专业工程技术人员的法律定位,从控制投资总额、顺利推进项目、实现工期目标等出发,发包人应当谨慎使用变更权。在行使变更权时,应当充分征询设计人、监理人、承包人的意见,尽量确保变更在最小限度内影响工程造价和工期的变化。

发包人在批准变更前,应当对变更引起的造价调整、工期变化等方面有充分的估算,以便与承包人尽快达成变更估价的一致,并促使承包人尽快实施变更。

发包人在批准变更后,应敦促和告知监理人尽快向承包人发出指示,并在相应的监理合同中对监理人的履约义务进行约束。

对于涉及重大的设计变更事项,尤其是法律法规规定需要到有关规划设计管理部门进行审批核准的重大设计变更,设计人应当予以释明,发包人需要完成该审批事项的报批。

承包人在接受变更指示时,严格把握以收到监理人出具的经发包人签认的变更文件为准。实践过程中,经常有承包人反映,施工过程中就同一事项会收到来自发包人、监理人和设计人的不同指令或指示,导致不知如何适用。承包人在任何情况下,不得擅自变更,也不得未经许可,擅自实施变更。

(3)变更程序

发包人提出变更,包含了设计人发起和发包人单独发起等情形,也包含了提出和执行变更过程中的要求。作为发包人一方,应当注意的是其变更文件应该清晰、明确、具体,否则容易引起变更过程中的争议。

本条款强调变更指示由监理人发出经发包人签认的文件,尽管是发包人同意的文件,但依然考虑监理人作为"文件传递中心"的合同管理地位,以实现合同管理的高效集约,同时也为监理人实践其法定义务和约定义务提供可行性基础。

承包人收到变更指示后,应当即刻安排人员认真分析,并作出是否立即执行的决定。如果变更存在不合理性或错误,承包人应立即提出异议,并附加合理化建议或不能执行的技术资料、详细说明等。

承包人接受变更指示且准备执行的,应当及时将与变更有关的估算、工期影响、现场安排、技术措施等方面内容提交书面报告至监理人和发包人,发包人和监理人收到承包人关于变更估算的报告后,应当及时予以审核批复,并与当期工程款一并予以支付。

合同当事人在执行本条款条文时,可以在专用合同条款中具体约定相关程序的时限要求及逾期的法律后果和责任等,如承包人提出不能执行该变更指示理由的期限或书面说明实施该变更指示对合同价格和工期影响的期限等方面。

(4)变更估价

监理人在发出变更指示时,应当进行初步估价,便于及时评估承包人的报价和其方面的影响,进行判断。鉴于发包人为工程的投资主体,且并非专业工程技术人员的法律定位,从控制投资总额、顺利推进项目工期实现等目标出发,发包人应当谨慎使用变更权。在行使变更权时,应当充分征询设计人、监理人、承包人的意见,尽量确保变更在最小限度内影响工程造价和工期的变化。

发包人在批准变更前,应当对变更引起的估价、工期变化等方面作出充分的估算,以便与承包人尽快达成变更估价的一致,并促使承包人尽快实施变更。

发包人在批准变更后,应敦促和告知监理人尽快向承包人发出指示,并在相应的监理合同中对监理人的履约义务进行约束。

(5)承包人的合理化建议

承包人作为有专业经验一方,应当积极研究工程建设项目的特点和具体施工环境及施工条件,从价值工程的角度出发,提供最有利于项目建设和经济效益最大化的方案与建议,尤其对明显存在的设计缺陷和发包人要求,应当提出合理化建议。

当事人双方均应当注意承包人提出的合理化建议,如果意见不一致,必要时,可以组织设计、监理、工程造价等各方面的专家进行论证,以实现最优方案。一旦承包人建议获得认可,承包人应当对其提出的方案承担相应的责任。

若不能按照2017版施工合同通用合同条款中约定的时间完成合理化建议审批,当事人双方应当注意在专用合同条款中协商约定可以实现的时间。

(6)变更引起的工期调整

变更引发的工期调整往往容易引起合同当事人的争议,从发包人的角度,应当在签认变更时预判其对工期的影响,当然发包人需要委托监理人和设计人以及其他专家提供专业意见。

承包人作为有经验一方,应当做好工程项目的进度管理和技术管理。目前国内工程实践过程中,承包人往往不能对工程建设的资源和工序做到细致完善的计划,同时在施工过程中又不能根据变更和工作计划的调整进行相应的进度调整,造成工程管理粗放,经常出现赶工、窝工、材料浪费等现象,从一定程度上加大了承包人不必要的投入,经济效益受到严重影响,若处理整改不当,恶性循环,最终造成巨大亏损。因此,只有做好项目管理,才有可能对变更引起的工期调整提出客观事实依据,进而确保发包人了解其主张以及其主张的依据,并最终同意合同价格和工期调整的主张。

承包人应当在项目管理的基础上,针对工期调整做好详细的资料准备工作,并提供计算依据和相应的佐证附件,具体包括变更单、进度计划网络图、变更工程量计算明细、工期调整

计算明细、工期调整引发合同价格调整的说明等方面内容。

合同当事人如对变更引起的工期调整中的调整依据、提出期限及逾期提出后果等方面内容,有专门约定的,可以另行补充约定。

(7)暂估价

发包人在招投标和订立合同过程中,应当首先确定其工程项目是否存在暂估价项目,按照国家法律规定,其规定的暂估价项目应当符合当地建设主管部门规定,包括项目内容、金额、重要性程度等,如北京市规定暂估价项目金额不得超过合同价格的30%等。

发包人确定暂估价项目之后,应当区分暂估价项目中的依法必须招标的项目和非依法必须招标的项目,继而确定相应暂估价项目的具体实施方式。

发包人应当在其招标文件或合同文件中明确约定其暂估价的具体实施方式,如是否委托承包人组织招标、选择招标代理机构等。

承包人应当根据发包人确定的暂估价明细和具体实施方式,在投标阶段合理报价,并在组织暂估价项目的实施过程中,尽到提示、告知、谨慎的合作义务,合理安排或约定各方当事人的正当义务与权利,避免因发包人主观而出现的招标失误、流标以及后期项目管理失控的局面。

(8)暂列金额和计日工

发包人关于零星工作或其他使用暂列金额的项目应当在招标文件或专用合同条款中明确约定,以免造成合同价格重复计算,且发包人要求应当明确具体。

鉴于本条款中关于计日工的计价规则约定,合同当事人应当在已标价工程量清单或预算书中列明相应的计日工单价,或者在采用计日工计价方式实施某项工作之前,确定相应的计日工单价,以避免出现无相应的计日工单价而导致双方在确定计日工价款问题上产生争议。

采用计日工计价方式实施的大部分工作为零星工作或变更,从合理与公平的角度出发,应当做到当期发生、当期计量。为此,合同当事人在签订合同时需要注意明确规定监理人和发包人审查、批准的期限,包括监理人对承包人每天提交的资料的审查期限,以及监理人、发包人对承包人汇总的计日工价款的审查、批准期限。

鉴于计日工的零星用工特点,通常与工人的结账需要比较快捷,因此合同当事人应当做到及时支付,以免造成迟延支付零工工资而产生其他社会问题。

11)价格调整

本条共涉及市场价格波动引起的调整和法律变化引起的调整两项内容。

(1)市场价格波动引起的调整

发包人应当首先确定合同价格的调整机制,需要研究分析的问题包括中标签约价与合同价格形式的关系、拟建工程招标中最高投标限价的合理性、市场近期价格波动状况、工程技术难易程度等方面,继而确定是否采用价格调整机制,以及如果采用该种机制,选用何种调价方式、如何确定市场价格波动幅度以及是否需要采用专用合同条款约定的其他方式等,对于招标发包的项目,这些事项应当在招标文件中先行确定。

承包人在招投标和订立合同过程中,应当非常谨慎地对待合同中约定的价格调整条款的规定,并针对混淆与不清晰之处及时提出澄清请求。合同履行过程中,应当严格遵守合同约定,及时收集与调整价格有关的信息与资料,并及时提交监理人和发包人。

（2）法律变化引起的调整

发包人应当首先确定哪些为合同约定的"法律"，以及还需要在专用合同条款作出哪些约定，以便于确定合同价格的法律风险范围，当然在确定"法律"的范围时，应当以合理、承包人可以预见为前提进行"法律"风险的分担。

对于法律变化引起的价格调整，需要合同当事人引起重视的是必须收集截止基准日期之前的相关法律规定与文件资料，尤其是承包人，在编制投标文件和合同履行时，需要及时与基准日期之前的法律文件相比，提出有依据的主张方可适用价格调整。

12）合同价格、计量与支付

本条共涉及合同价格形式、预付款、计量、工程进度款支付和支付账户 5 项内容。

（1）合同价格形式

使用过程中，应当注意拟建项目的合同价格形式以及具体约定的内涵，对于单价合同，尤其要注意风险范围的界定，特别对于法律变化引起的合同价格的调整，应该进行明确规定。

无论是单价合同形式，还是总价合同形式，除非极少数技术简单和规模偏小的项目，合同结算价格一般均与签约合同价格不同，因此凡是引起合同价格变化的因素，在合同履行过程中均应当引起重视，并保留完整的工程资料，以便确定工程造价和控制工程成本。

（2）预付款

如采用预付款担保，则需要在工程进度款中抵扣预付款后，相应减少预付款担保的金额，如果采用保函方式，应当前往保函出具方处完善相关的手续。

在签订施工合同时还应注意在专用合同条款中对以下事项作出具体、明确的约定，以增强该款的操作性和执行性，减少不必要的争议和纠纷。

① 发包人是否支付预付款，预付款的支付比例或金额，预付款的支付时间，需注意所约定的预付款支付时间应满足"至迟应在开工通知载明的开工日期前 7 天前支付"的要求。

② 预付款是否抵扣以及预付款扣回的具体方式。

③ 是否需要承包人提供预付款担保，如需要的，承包人提供预付款担保的时间、预付款担保的形式等内容均需明确。

如发包人没有按约定支付预付款，承包人基于合同履行的诚实信用原则，应当先行催告，如经发包人催告后仍未支付预付款，承包人有权在催告后合理时间内行使抗辩权。

（3）计量

计量工作与分部分项验收紧密相关，发包人和承包人均应确保质量验收与计量的及时性，否则相关工作量不便于检测和复测。尤其是对隐蔽工程的计量，隐蔽工程在施工完成并经验收合格后需要进行覆盖，而一旦覆盖，就会失去对其进行工程计量的条件，因此对隐蔽工程的计量，必须在隐蔽工程覆盖之前完成。

2017 版施工合同在通用合同条款中对于计量程序和规则进行了一般性约定，但合同当事人仍然可以自行在专用合同条款中针对不同项目的情况，特别约定其计量工作事项，主要有：

① 工程量计算规则所依据的相关国家标准、行业标准、地方标准等；

② 工程计量的周期；

③ 单价合同计量的具体方式和程序；

④ 总价合同计量的具体方式和程序；

⑤ 如双方采用其他价格形式合同的，其他价格形式合同计量的具体方式和程序；

⑥ 其他在计量中需要特别约定的事项。

（4）工程进度款支付

应当了解和熟悉该款与之前国内外施工合同示范文本相关规定的不同或创新之处，包括对于发包人怠于审查承包人进度付款申请单的，该款设立了默示机制，即发包人逾期未完成审查且未提出异议的，视为已签发进度款支付证书；对于合同当事人对进度付款金额有异议的，建立了对无异议部分签发临时付款证书的机制，最大限度减少拖欠工程款；发包人逾期支付进度款，需按银行同期同类贷款基准利率的两倍支付违约金。在合同履行过程中，各方应当充分利用上述创新之处维护自身的利益。

应当注意支付周期的约定，实际上可以采用按月支付，也可以采用按节点或按形象进度进行进度款的支付，合同当事人可以在专用合同条款中另行约定。

鉴于支付分解表对资金管理计划和支付的重要作用，承包人在编制支付分解表时应当结合相应的项目管理文件全面仔细测算，发包人和监理人也应认真核对相关支付的依据性资料，做到与进度计划、资源投入相配比。

支付分解表应当与进度计划和施工组织设计同步修订，方可作为支付进度款的依据。

合同当事人在签订施工合同时还应注意在专用合同条款中对以下事项作出具体、明确的约定，以增强该款的操作性和执行性，减少不必要的争议和纠纷。

① 工程进度款的付款周期。

② 进度付款申请单应当包括的内容。

③ 如双方采用其他价格形式合同的，其他价格形式合同的进度付款申请单的编制和提交程序。

④ 监理人、发包人收到承包人进度付款申请单以及相关资料后的审查（并报送）、审批（并签发进度款付款证书）的期限要求。

⑤ 发包人支付工程进度款的期限要求，及发包人逾期支付进度款时的造约责任。

⑥ 总价合同支付分解表的编制与审批要求，支付分解表应当与进度计划和施工组织设计同步修订，方可作为支付进度款的依据。

⑦ 单价合同的总价项目支付分解表的编制与审批要求，其中须特别注意支付的审批，2017版施工合同在迟延支付进度款条文中设立了双倍迟延支付利息的制度。

（5）支付账户

合同当事人应当在合同协议书中明确承包人账户，具体包括开户单位名称、开户银行、账户号码等内容。由承包人分公司或其他事业部等机构组织实施的项目，发包人对承包人账户的确认应当严格按照签约主体执行，避免出现付款错误或其他欺诈行为的发生，继而引发法律纠纷。

承包人如因经营需要将工程款项支付至其他指定单位账号时，应当提出书面申请，并将委托收款人的账号全部信息提供给发包人，并由承包人单位法定代表人或授权代表签字并盖章后方可。

在实际适用该款规定时,除了需要在合同协议书中明确承包人的收款账户之外,还应对发包人违反该款规定的合同价款支付方式应承担的责任和后果作出明确约定。

13)验收和工程试车

本条共涉及分部分项工程验收、竣工验收、工程试车、提前交付单位工程的验收、施工期运行和竣工退场6项内容。

(1)分部分项工程验收

在分部分项工程验收过程中,合同当事人以及监理人应严格按照国家有关施工验收规范、标准及合同约定进行分部分项工程的验收。

分部分项工程未经验收合格不得允许进入下一道工序施工,否则应承担相应的责任,造成安全事故或质量事故的,还应承担行政责任甚至刑事责任。

承包人须在自检合格的基础上,通知监理人验收,监理人未参与验收,应认可承包人自验结果,作为下一道工序施工的依据。

(2)竣工验收

工程存在部分甩项工程未完工或缺陷修补工程未完成,在发包人同意甩项竣工验收的情况下,不影响工程的竣工验收。承包人应当对甩项工程或缺陷修补工程编制施工计划并限期完成,合同当事人可在专用合同条款中对甩项工程进行具体约定。

在承包人提交竣工验收申请报告后,监理人和发包人应当及时进行审核,认为尚不具备验收条件的,应及时提出整改意见,认为具备验收条件的,应及时组织竣工验收。否则,发包人如在监理人收到承包人提交的竣工验收申请报告后42天内,无合理理由未完成工程验收的,以提交竣工验收申请报告的日期为实际竣工日期。

工程移交并不意味着承包人义务的全部完成。工程竣工验收合格和移交,标志着承包人的主要合同义务已经完成,对承发包双方约定甩项验收的甩项工程、缺陷修补工程,应按约定的进度计划继续履行约定义务,同时按照法律与合同约定履行对工程进行保修的义务等。

如果当事人对工程竣工验收程序有特殊要求,以及对发包人不按照合同约定组织竣工验收颁发工程接收证书的违约责任有其他约定的,应在专用合同条款中明确。

发包人和监理人在收到承包人提交的竣工验收申请报告后应及时进行审查并予以答复,尚不具备竣工验收条件的,应当及时通知承包人予以整改,以利于及时完成工程竣工验收。承包人不同意发包人和监理人的审查意见或答复,可以向发包人和监理人提出异议,异议成立的,发包人和监理人应当修改审查意见或答复,具备验收条件的,应当及时组织完成竣工验收;异议不成立的,承包人应当按照审查意见或答复,进行整改。

合同当事人可以约定承包人整改的次数,避免无休止地整改,导致合同当事人权利义务长期悬而未决,影响合同目的的实现。发包人和监理人可以对承包人整改的期限作出要求,但该期限应不短于承包人整改所需的合理时间。

承包人未能在发包人和监理人指定的期限内完成整改,或经整改后,工程仍未能通过竣工验收的,则发包人有权委托第三方代为修缮,由此增加的费用和(或)延误的工期应由承包人承担。如果合同约定的质量标准较高,但工程验收未能达标,合同当事人可以协商降低质量标准,并相应扣减合同价款,但降低之后的质量标准不能低于国家规定的强制性标准和要求。

工程竣工验收合格和移交,标志着承包人的主要合同义务已经完成,但是,并不意味着承包人的全部合同义务都已经完成。在完成工程移交后,承包人还应当承担未完成的甩项工程施工义务,按照法律规定与合同约定承担对工程进行保修的义务等。

如果合同当事人对工程移交或接收的时限、流程有特殊要求,或者合同当事人对发包人无正当理由不按照合同约定接收工程、承包人无正当理由不按照合同约定移交工程的违约金计算方法有不同于通用合同条款的其他约定,应当在专用合同条款中明确。

（3）工程试车

为了清楚界定合同当事人在工程试车中的义务、责任和费用承担,合同当事人应当在专用合同条款中对工程试车进行更为明确的约定,内容包括工程试车的具体内容、流程、在试车过程中当事人各自的权限以及责任和义务等。

除非合同当事人在专用合同条款中另行约定,否则无论是单机无负荷试车,还是无负荷联动试车,试车费用均由承包人承担,承包人应在投标报价时考虑此部分试车费用。合同当事人在签署设计合同、设备采购合同、技术服务合同时应注意与本条款关于工程试车的衔接。

本条款针对不同的投料试车结果,约定了不同的责任承担方式。投料试车合格的,费用由发包人承担;因承包人原因造成投料试车不合格的,承包人应按照发包人要求进行整改,但由此产生的整改费用由承包人承担;非因承包人原因导致投料试车不合格的,承包人应按照发包人要求进行整改,但由此产生的费用和延误的工期由发包人承担。

（4）提前交付单位工程的验收

交付单位工程应当符合法律要求,对于法律规定不能单独交付的单位工程,则不应当提前验收交付。提前交付单位工程的,该单位工程的保修期,应当从单位工程竣工验收合格时起算。

（5）施工期运行

施工期运行必须确保工程安全,如果影响工程安全,发包人不能要求提前运行部分单位工程或工程设备。合同当事人在专用合同条款中明确进行施工期运行的单位工程或者工程设备的范围,以及由此增加的费用和（或）延误的工期的承担方式。

（6）竣工退场

通用合同条款没有明确承包人完成竣工退场的具体期限,该期限由合同当事人在专用合同条款中结合工程具体特点予以明确。承包人应当保留未完成甩项工作和保修工作的必要的人员、工程设备和设施,发包人应当为承包人履行这些后续义务,为进出和占用现场提供方便和协助。在承包人逾期退场,发包人处理承包人遗留在现场的物品时应当慎重。原则上,发包人应首先通知承包人自行处理,承包人在指定的合理期限内仍不处理的,发包人有权出售或另行处理,包括进行拍卖、提存等。为了避免现场遗留物品的种类、数量产生争议,发包人最好在公证机关在场的情况下对承包人遗留在现场的物品进行清理。

14）竣工结算

本条共涉及竣工结算申请、竣工结算审核、甩项竣工协议和最终结清4项内容。

（1）竣工结算申请

承包人应在合同约定的时限内及时提交竣工结算申请。合同当事人可以根据工程性质、规模在专用合同条款中约定具体时间,因承包人原因迟延提交竣工结算资料的,应承担不利后果。如果因承包人原因怠于提交结算申请资料,超出竣工验收合格 28 天报送结算的,发包人对此不承担责任。特别是在诉讼中承包人主张工程结算款利息的,发包人可以就承包人迟延报送结算提出抗辩。

承包人申请竣工结算时需提交竣工结算申请单和完整的结算资料。合同当事人也可以在专用合同条款中约定结算资料的内容,包括符合合同约定的索赔资料。

工程竣工结算报告由承包人编制,承包人编制结算报告,尽可能详尽、齐全,特别是索赔价款,包括逾期付款违约金、工期赔偿金等。一旦竣工结算被双方确认,任何内容的疏漏都难以调整。

承包人在施工过程中,应做好工程资料的整理归档工作,以便为编制竣工结算中申请单和结算资料提供基础资料。避免因资料缺失,使合同当事人对工程竣工结算产生分歧。

承包人提请结算的前提是工程竣工验收合格,具体期限是竣工验收合格之日起 28 天内。一般而言,如工程未经竣工验收合格承包人主张结算价款的,发包人享有先履行抗辩权。

需要特别强调的是,在 2017 版施工合同中,关于结算申请单应包括的内容,作了除外规定,即已缴纳履约保证金的或提供其他工程质量担保方式的,结算申请单中可不包括"应扣留的质量保证金"内容。

（2）竣工结算审核

建设工程的发包人应当严格按照合同约定的期限审核承包人报送的结算。该期限为 28 天,该期限内发包人既要完成结算审核,同时又要完成竣工付款证书的签发。如果承包人将结算申请单报送监理人,监理人在收到后 14 天内完成审批并报送发包人,发包人在 14 天内完成审核;如果承包人将结算直接报送发包人,则发包人在收到结算申请单后 28 天内完成结算审核,至于发包人是否将收到的结算申请转送监理人审批以及发包人与监理人之间关于审批时间的分配,不影响结算审核期限的计算。

承包人应当确保报送的结算申请单内容完整,数据真实准确。如监理人或发包人对竣工结算申请单有异议的,有权要求承包人进行修正和提供补充资料,承包人有义务按照要求提交修正后的竣工结算申请单。结算审核期限自承包人提交修正后的竣工结算单之日重新起算。

发包人逾期审批结算且未提出异议的,其法律后果为工程款结算金额以承包人报送的结算申请单载明的结算金额为准,自承包人报送结算申请单第 29 日起视为已签发竣工付款证书,发包人应在承包人报送结算申请单第 43 日内按照承包人报送的结算金额完成工程款支付。

发包人逾期付款违约金计算标准分两种情况:逾期付款 56 天以内的,按照中国人民银行发布的同期同类贷款基准利率支付违约金;逾期付款超过 56 天的,按照中国人民银行发布的同期同类贷款基准利率的两倍支付违约金。

承包人对发包人签发的工程竣工付款证书有异议的,应当及时提出。期限为自收到签发的竣工付款证书后 7 天内。承包人逾期未提出异议的,视为认可发包人的审核结果。

为及时固定当事人结算成果,逐步缩小争议,本条款约定了临时竣工付款证书制度。即承包人对发包人签发的竣工付款证书有异议的,发包人可以先就无异议部分签发临时竣工付款证书,可先按该临时竣工付款证书支付工程款,双方仅对有异议部分另行协商。异议部分达成一致后,再出具最终竣工付款证书。

（3）甩项竣工协议

当事人确定的甩项工程应以不影响工程的正常使用为前提,即甩项工程应是零星工程、辅助性工程,不会对工程整体的正常使用产生不利影响。

因特殊原因工程需要甩项竣工的,当事人应当另行订立甩项竣工协议,并就工作范围、工期、造价等进行协商,签订甩项竣工协议,明确双方责任和工程价款的支付方法。同时,甩项竣工验收应当符合法律、行政法规的强制性规定,甩项竣工应当以完成主体结构工程为前提,甩项的工作内容不应包括主体结构和重要的功能与设备工程,否则会影响甩项竣工协议的合法性、有效性。

发包人提出甩项竣工符合法律规定的,承包人应当予以协助和配合完成甩项竣工,以适时地实现合同目的。承包人应当衡量甩项竣工对其合同履行的影响,并从专业角度提出实施的建议。

甩项竣工属于合同的重大变更,甩项竣工协议中应当详细约定已完工程结算、甩项工程合同价格、已完工程价款支付、工期、照管责任、保修责任等内容。

（4）最终结清

关于承包人提交最终结清申请单的时间、对象。承包人在缺陷责任期终止证书颁发后7天内向发包人提交最终结清申请单。需注意的是,如果发包人在缺陷责任期届满后未在合同约定期限内向承包人颁发缺陷责任期终止证书,承包人可以催告其签发。发包人无正当理由拒不颁发缺陷责任期终止证书的,不影响承包人向其报送最终结清申请。

如果因承包人自身原因迟延提交最终结清申请,需自行承担因迟延审批造成的损失。

关于发包人审批最终结清申请单、颁发最终结清证书的时间及逾期审批的后果。发包人收到承包人提交的最终结清申请单后14天内完成审批并向承包人颁发最终结清证书。逾期未审批批准或提出异议的,视为接受承包人的申请,发包人应在最终结清证书颁发后7天内完成支付。

发包人对最终结清申请单内容有异议的,有权要求承包人进行修正和提供补充资料,承包人应向发包人提交修正后的最终结清申请单。审批时限自承包人提交修正后的最终结清申请单之日起计算。

承包人若对发包人最终结清证书有异议,可以协商解决,协商不成也可以按照争议解决条款处理。

15）缺陷责任与保修

本条共涉及工程保修的原则、缺陷责任期、质量保证金和保修4项内容。

（1）工程保修的原则

当事人应当正确理解缺陷责任期与保修期的概念,区分质量缺陷修复义务与保修义务。工程保修阶段包括缺陷责任期与工程保修期。在缺陷责任期限内,承包人当然承担保修义务,即缺陷责任期内,承包人的保修责任与缺陷修复责任是重合的。

应当区别质量保证金与保修费用。质量保证金不是保修费用,而是为了保证承包人履行质量缺陷修复责任而提供的保证金,具有担保的性质。因此,该金额虽然由发包人预先扣留,但仍为承包人所有。如果承包人经通知不履行缺陷修复义务,则发包人可以委托他人修复,并从中扣除修复费用,在缺陷责任期届满后将剩余部分退还承包人。

关于缺陷责任期的期限。如前所述,质量保证金实质为承包人保证向发包人履行保修义务而提供的担保,根据《最高人民法院关于适用〈中华人民共和国担保法〉若干问题的解释》第三十二条规定,保证合同约定保证人承担保证责任直至主债务本息还清时为止等类似内容的,视为约定不明,保证期间为主债务履行期届满之日起两年。《建设工程质量保证金管理办法》第二条规定,缺陷责任期一般为 1 年,最长不超过两年,由发承包双方在合同中约定。因此本条款中的缺陷责任期,类似于保证期间,当事人应在专用合同条款中作出约定,但应注意约定期限不得超过两年。

（2）缺陷责任期

承包人应承担的责任范围如下：

① 缺陷责任期内发生由承包人原因造成的缺陷时,承包人有义务负责维修,也有权利选择自行维修或愿意承担费用让发包人委托第三方进行维修。但仅在承包人不维修也不承担费用时,发包人方可委托第三方维修,发生的费用可从质量保证金里扣除。当然,紧急状态下承包人来不及进行维修的,发包人可自行或委托第三方维修,发生的费用当由承包人承担,但发包人应提供足够的理由。

② 承包人承担的费用包括缺陷鉴定费用及维修费用。缺陷鉴定一般由发包人发起,当鉴定结果认定为承包人原因造成的缺陷时,该鉴定费用由承包人承担,否则不予承担。缺陷维修如由承包人实施,维修费用由承包人自行承担,并不能要求在质量保证金里抵扣。在承包人不维修也不承担费用时,发包人委托第三方维修,发生的维修费用包括支付第三方的合理利润。

③ 承包人应对工程的损失承担赔偿责任。发包人对所受损失及因果关系承担举证责任。

通常情况下,发包人并没有随意延长缺陷责任期的权利。仅在同时具备以下两种条件下可以根据缺陷造成的后果的严重程度要求延长：①缺陷是由承包人原因造成的；②特别严重的缺陷,致使工程、单位工程或某项主要设备不能按原定目的使用。具体引起缺陷责任期延长的事项应由双方在专用合同条款中约定。

（3）质量保证金

未在专用合同条款中明确扣留质量保证金的,发包人不得私自扣留。承包人提供履约担保覆盖的期间内,发包人不得在进度款中扣留质量保证金。

关于质量保证金的去和留,如果在专用合同条款中未明确具体方式,默认的方式为在支付工程进度款时逐次扣留。质量保证金的计算基数不包括预付款的支付、扣回以及价格调整的金额,即只与结算合同价款有关。

同时,本条款给出以质量保证金保函替换质量保证金的途径,承包人可在监理出具发包人签认的竣工付款证书后 28 天提交相应金额的质量保证金保函替换发包人扣留的质量保证金。

发包人扣留质量保证金实际上占用了承包人的资金,发包人在缺陷责任期届满时应同时按照中国人民银行发布的同期同类贷款基准利率支付利息、承包人无须对发包人是否实际使用了质量保证金举证。

（4）保修

保修期的起算分两种情况：工程经竣工验收合格的,自竣工验收合格之日起算；工程未经竣工验收发包人擅自使用的,自转移占有之日起算。需要注意的是,工程经竣工验收合格的情况下,保修期的起算时间与缺陷责任期的起算时间一致,仅用语表述不一致。

① 修复费用的承担。根据导致缺陷、损坏发生的责任主体,分为因发包人原因、承包人原因以及第三方原因 3 种情形。除因承包人原因导致缺陷、损坏的,承包人需承担修复责任并支付费用外,因发包人原因、第三方原因导致缺陷、损坏的,发包人应当承担修复费用并支付合理利润。因工程的缺陷、损坏造成的人身伤害和财产损失由责任方承担。

② 发包人的通知义务。在保修期内,发包人在使用过程中,发现已接收的工程存在缺陷或损坏的,除情况紧急必须立即修复缺陷或损坏外,发包人有义务书面通知承包人予以修复。

因承包人原因造成工程的缺陷或损坏的,发包人有义务先通知承包人进行维修,只有承包人拒绝维修或未能在合理期限内修复缺陷或损坏,且经发包人书面催告后仍未修复的,发包人有权自行修复或委托第三方修复。

③ 承包人履行维修义务时的出入权。由于工程移交发包人投入使用以后,发包人已经开始正常的生产经营活动并控制现场,此时承包人因履行质量保修义务需进入现场时,应当征得发包人同意,且不应影响发包人正常的生产经营。特别是涉密工程,承包人进入现场前不仅须征得发包人同意,还应就有关保安和保密事项与发包人达成一致。

16) 违约

本条共涉及发包人违约、承包人违约和第三人造成的违约 3 项内容。

(1) 发包人违约

合同当事人可以在专用合同条款中列举发包人其他违约行为,并可以在专用合同条款约定其他违约责任承担方式,如一定比例的违约金。

在发包人拒不纠正其违约行为的情况下,本条款赋予了承包人相应的停工权,但该停工权的行使应受发包人违约行为的性质、范围和严重程度的制约。如发包人自行提供的门窗质量不合格,经承包人书面通知后 28 天内仍未纠正的,承包人仅有权暂停门窗的安装工作,但不得以此为由暂停其他工作,如暂停全部工程等,否则由此造成工期延误的,承包人仍需承担相应责任。

合同当事人可以在专用合同条款中逐项约定具体违约行为的违约责任承担方式和违约金计算方式,但关于违约金的约定应符合法律规定。合同履行过程中,不论哪方发生违约情形,都应及时收集和整理有关证明资料,且应及时对违约行为进行纠正,以定纷止争及促成合同的顺利履行。

承包人应对发包人违约是否足以致使合同目的不能实现承担证明责任,如果承包人无法提供有效证明资料予以佐证,则需要承担违约解除合同的不利后果。

承包人解除合同的通知应以书面形式送达发包人,不送达发包人的,不产生解除合同的法律效果,承包人应按照施工合同约定的送达地址和送达方式送达发包人,如果没有约定地址的,应该按照发包人的注册地址或办公地址送达。

解除合同后,合同当事人应及时核对已完成工程量以及各项应付款项,尤其是承包人应及时统计各项费用及损失,并准备相应的证明资料。核对无误的款项,发包人应及时予以支付,存在争议的款项,可以在总监理工程师组织下协商确定,也可以自行协商解决或按争议条款解决处理。

发包人按照本条款约定支付应付款项的同时,还应退还质量保证金、解除履约担保,但有权要求承包人支付应由其承担的各种款项,如应承担的水电费、违约金等。

(2)承包人违约

合同当事人可以在专用合同条款中列举承包人其他违约行为,并可以在专用合同条款约定违约责任承担方式,如一定比例的违约金。承包人应按照监理人的整改通知,积极纠正违约行为,避免损失的扩大。监理人的整改通知应当载明违约事项、整改期限及要求,并要求承包人予以签收,整改完成后,监理人和承包人应进行复核。

合同当事人可以在专用合同条款中逐项约定具体违约行为的违约责任承担方式和违约金计算方式,但关于违约金的约定应当符合法律规定。

发包人应对承包人违约是否足以致使合同目的不能实现承担证明的责任,如果发包人无法提供有效证明资料予以佐证,则需要承担违约解除合同的不利后果。发包人解除合同的通知应以书面形式送达承包人,不送达承包人的,不产生解除合同的法律效果。

发包人为了工程的继续施工需要,有权使用承包人在现场的材料、工程设备、施工设备以及承包人文件等,但应当支付相应对价,发包人继续使用的行为不免除或减轻承包人按照合同约定应承担的违约责任。

解除合同后,合同当事人应及时核对已完成工程量以及各项应付款项,并收集整理相应的文件资料。核对无误的款项,合同当事人应及时结清;存在争议的款项可以在总监理工程师组织下协商确定,也可以按争议条款解决方法解决。

合同解除后,发包人还应退还质量保证金保函、履约保函,当然提前竣工验收合格的单位工程的质量保证金可以按照法律或质量保修书约定扣留。

(3)第三人造成的违约

施工合同履行过程中,经常会发生由于第三人原因,导致合同一方违约的情形。根据合同的相对性原则,一方当事人因第三人原因造成违约的,应先行按照合同约定承担违约责任,再行向第三人追偿,不得以第三人违约或侵权为由,拒绝承担相应的义务。

合同当事人按照合同约定向对方当事人承担违约责任,而不能直接追索合同相对方以外第三人的违约责任。合同当事人受到相对方追索的同时,应积极收集第三人造成违约的相关文件、资料,以便向第三人追偿。

17)不可抗力

本条共涉及不可抗力的确认、不可抗力的通知、不可抗力后果的承担和因不可抗力解除合同4项内容。

(1)不可抗力的确认

合同当事人可以在专用合同条款中约定不可抗力的范围。不可抗力事件的不可预见性和偶然性决定了人们不可能列举出全部,所以,尽管世界各国都承认不可抗力可以免责,但是没有一个国家能够确切地规定不可抗力的范围,而且由于习惯和法律不同,各国对不可抗力的范围理解也不同。一般来说,把自然现象及战争、瘟疫、动乱等看成不可抗力事件基本是一致的,而对上述事件以外的人为障碍,如政府干预、不颁发许可证、罢工、市场行情的剧烈波动,以及政府禁令、禁运及其他政府行为等是否归入不可抗力事件常引起争议。

（2）不可抗力的通知

遭受不可抗力一方合同当事人应按照合同约定的通知方式、地址，向另一方当事人和监理人提交书面通知。不可抗力持续发生的，应在不可抗力事件结束后28天内提交最终报告及有关资料。

合同当事人收到不可抗力的通知及证明文件后，应当及时对对方所称的不可抗力事实以及该事实与损害后果之间的联系进行核实、取证，以免时过境迁后难以收集证据。无论同意与否，都应及时回复。

（3）不可抗力后果的承担

本条款约定了不可抗力发生的损失分担原则，合同当事人应该按照这个基本原则承担损失，本条款中没有涉及的内容，可以在专用合同条款中另行约定。

合同当事人在确认不可抗力事件发生后，应该及时确认不可抗力造成的损失范围。对不可抗力事件发生前已完工程进行计量，并对不可抗力事件造成的具体损失进行统计。

当事人还应该及时评估不可抗力造成影响的大小，不可抗力对工程施工的影响程度，是否致使工程施工无法进行还是仅只需暂停部分施工，据此对合同后期履约作出安排。

（4）因不可抗力解除合同

在不可抗力事件造成合同解除的情形下，合同当事人应该作出明确解除合同的意思表示，并送达对方。根据该约定，只要一方当事人解除合同的通知到达对方，便发生解除合同的效力。解除合同的通知应该是书面的，并按照约定的地址送达对方，另一方接受该通知后，应该予以回复。

发包人支付款项的时间一般为28天，如果当事人有其他约定，可以在专用合同条款中约定，但是时间不宜约定太长。

18）保险

本条共涉及工程保险、工伤保险、其他保险、持续保险、保险凭证、未按约定投保的补救、通知义务7项内容。

（1）工程保险、工伤保险和其他保险

合同当事人可以在专用合同条款中对各方应当投保的保险险种及相关事项作出具体、明确的约定，包括各保险的保险范围、保险期间、保险金额（免赔额）、除外责任等与保险相关的事项。

合同当事人应当注意保险索赔与工程索赔之间的关系，特别是承包人在向保险公司进行索赔的过程中，应注意保留对发包人的索赔权利，防止在向保险公司索赔未果的情况下也丧失对发包人的索赔权利。

鉴于实践中存在着投保方无法按合理的商务条件进行投保或续保的情况，合同当事人应在专用合同条款中明确约定此种情况下风险的承担及后续处理方式。

（2）持续保险

鉴于工程项目的周期较长，在施工过程中也会存在工期延长、施工方案变更等情况，可能会导致工程保险的风险程度增加。本条款旨在提示合同当事人应尽到将工程中出现的变动及时通知保险人的义务，同时提示合同当事人应注意勿因保险合同未及时续约而失去相应的保险利益。

（3）保险凭证

工程工期延长的，当事人应顺延保险合同的保险期间。如工程竣工之前，保险提前到期的，合同当事人应该及时续保，并向对方当事人继续通报续保事宜。发包人和承包人也应当相互提醒及时续保。当事人可以在专用合同条款中对保险凭证和保险单据复印件的提交时间及方式予以明确。

（4）未按约定投保的补救

发包人或者承包人违约不办理保险，另一方当事人可以先行提示，如对方仍不办理，承包人或发包人可以根据本条款约定代为办理。在发包人或者承包人代为办理相应保险后，应保存保险单据、保险凭证和缴费单据，作为要求对方当事人承担保险费用的依据。

（5）通知义务

发包人和承包人可以在专用合同条款中约定合同当事人一方可单方变更保险合同的具体范围和内容，以及本条款约定的通知方式和期限。对于保险事故发生后的通知义务，当事人可以在专用合同条款中约定通知方式和期限等内容。

19）索赔

本条共涉及承包人的索赔、对承包人索赔的处理、发包人的索赔、对发包人索赔的处理和提出索赔的期限 5 项内容。

（1）承包人的索赔

承包人应及时递交索赔通知书，避免因逾期而丧失索赔权利。

需注意索赔意向通知书和索赔报告内容上存在区别，通常递交索赔意向通知书时无须提交准确的数据和完整证明资料，仅需说明索赔事件的基本情况、有可能造成的后果及承包人索赔的意思表示即可；而索赔报告除了详细说明索赔事件的发生过程和实际所造成的影响外，还应详细列明承包人索赔的具体项目及依据，如索赔事件给承包人造成损失的总额、构成明细、计算依据以及相应的证明资料，必要时还应附具影音资料。

本条款虽约定索赔意向通知书和索赔报告均应首先递交给监理人，但通常而言，如果承包人直接向发包人递交索赔意向通知书和正式索赔报告，与递交监理人具有同等法律效力。另外，如果发包人没有授予监理人处理承包人索赔的权利，则承包人应将索赔意向通知书和索赔报告送达发包人或发包人指定的第三方。

（2）对承包人索赔的处理

发包人在其对监理人的授权范围中应明确是否授予监理人处理承包人索赔的权利，并应明确监理人处理的范围，避免因授权不明产生争议。

发包人需注意其审批承包人的索赔报告并答复的期限为在监理人收到承包人索赔报告之日起 28 日内，因该期限包含监理人 14 天的审查期限，故发包人应在收到索赔报告后首先核实监理人收到时间，尽快完成审批，避免因逾期答复而承担不利后果。

承包人递交多份索赔报告的，发包人均应按照前述期限作出答复，否则将视为对未作出答复的索赔请求予以认可。

发包人对于承包人提交的索赔报告的答复应以书面形式作出。承包人对发包人的索赔处理结果不存在异议的，双方应及时签订书面确认协议。

（3）发包人的索赔

发包人应当注意索赔期限，在发生索赔事件后，应及时向承包人发出索赔意向通知书，否则将丧失要求承包人赔付金额和(或)延长缺陷责任期的权利。发包人提交索赔意向通知书时应附上相应证明材料,提交的索赔报告应翔实具体,并附具详细的计算过程和计算依据,同时在必要时应会同承包人、监理人、第三方共用确认索赔事件所造成的影响。

(4) 对发包人索赔的处理

承包人需在收到发包人索赔报告后 28 天内答复发包人,且必须以书面形式作出。发包人对承包人答复的索赔处理结果不存在异议的,合同当事人应及时签订书面确认协议,明确承包人应赔付的金额、需延长的缺陷责任期天数等事项,避免事后产生争议。此外,承包人同意延长后的缺陷责任期限不得超过两年。

(5) 提出索赔的期限

承包人在合同履行过程中,应及时做好记录和资料保存的工作,在索赔事件发生时及时进行索赔,避免拖延索赔导致索赔权利的丧失,并引起合同当事人的争议。

合同当事人应充分理解竣工结算是对包括工程价款、违约金、赔偿金等合同当事人权利义务的全面清理,各方应在结算完成后及时完成确认。

20) 争议解决

本条共涉及和解、调解、争议评审、仲裁或诉讼和争议解决条款效力 5 项内容。

(1) 和解和调解

建议在专用合同条款中明确约定其选择的调解机构、调解员或调解小组等,并对于实施调解的规则、程序、费用等方面进行详细的约定,以利于调解程序的实施。

当事人和解或调解达成一致后,应该签订协议,并将该协议作为施工合同的补充文件,否则,双方当事人缺乏法律约束,不利于协议的执行。

当事人关于结算等问题达成的纠纷解决协议系独立协议,不因施工合同的无效而无效。

(2) 争议评审

如果当事人没有在专用合同条款中约定采取争议评审方式解决争议,则本条款不适用。当事人可以在合同签订后或者争议发生后,就争议评审涉及的相关事项进行约定,但建议在合同签订后,争议发生前约定,以确保争议评审的顺利进行。

即使合同中已经约定了争议评审决定的效力问题,仍建议当事人在争议评审后就决定内容签署相关协议,并将该协议作为合同的补充文件,以确保决定的遵守。

(3) 仲裁或诉讼

关于仲裁的约定,应当注意的是明确具体的仲裁机构,仲裁机构的名称要正确,标准就是避免歧义,能够确定所约定仲裁机构的唯一性。同时,如有必要,应当同时约定仲裁地点、仲裁语言、仲裁法律适用等。

需要注意的是,2017 年 7 月 1 日起施行的《民事诉讼法》对建设工程施工合同纠纷的管辖进行了修正,该类纠纷由适用协议管辖原则,变更为适用不动产专属管辖原则,即只要合同当事人约定相关争议诉讼解决,除去级别管辖的影响,管辖法院实际是确定唯一的。

(4) 争议解决条款效力

根据《合同法》的规定,合同争议解决条款独立存在,不受合同变更、解除、终止、无效和撤销的影响。合同争议解决条款的独立存在特点,保障了合同争议发生后合同当事人解决争议的途径和依据。

合同当事人应该在合同中对争议解决条款作出明确的规定,便于双方明知和遵守。

### 2.2.3 订立施工合同

**1. 订立施工合同应具备的条件**

(1) 初步设计已经批准；

(2) 有能满足施工需要的设计文件和有关技术资料；

(3) 建设资金和建筑材料、设备来源已经落实；

(4) 中标通知书已经下达；

(5) 国家重点建设工程项目必须有国家批准的投资计划可行性研究报告等文件；

(6) 合同当事人双方必须具备相应资质条件和履行施工合同的能力，即合同主体必须是法人。

**2. 合同文件组成及解释次序**

1) 合同文件的组成

标准施工合同的通用合同条款中规定，合同文件的组成包括：

(1) 合同协议书；

(2) 中标通知书；

(3) 投标函及投标函附录；

(4) 专用合同条款；

(5) 通用合同条款；

(6) 技术标准和要求；

(7) 图纸；

(8) 已标价的工程量清单；

(9) 其他合同文件——经合同当事人双方确认构成合同的其他文件。

2) 合同文件的优先解释次序

组成合同的各文件中出现含义或内容的矛盾时，如果专用合同条款没有另行约定，以上合同文件序号为优先解释的顺序。

标准施工合同条款中未明确由谁来解释文件之间的歧义，但可以结合监理工程师职责中的规定，总监理工程师应与发包人和承包人进行协商，尽量达成一致。不能达成一致时，总监理工程师应认真研究后审慎确定。

**3. 订立合同时需要明确的内容**

针对具体施工项目或标段的合同需要明确约定的内容较多，有些招标时已在招标文件的专用合同条款中作出了规定，另有一些还需要在签订合同时具体细化相应内容。

1) 施工现场范围和施工临时占地

发包人应明确说明施工现场永久工程的占地范围并提供征地图纸，以及属于发包人施工前期配合义务的有关事项，如从现场外部接至现场的施工用水、用电、用气的位置等，以便承包人进行合理的施工组织。

项目施工如果需要临时用地（招标文件中已说明或承包人投标书内提出要求），也需明确占地范围和临时用地移交承包人的时间。

2）发包人提供图纸的期限和数量

标准施工合同适用于发包人提供设计图纸，承包人负责施工的建设项目。由于初步设计完成后即可进行招标，因此订立合同时必须明确约定发包人陆续提供施工图纸的期限和数量。

如果承包人有专利技术且有相应的设计资质，可以约定由承包人完成部分施工图设计。此时也应明确承包人的设计范围，提交设计文件的期限、数量，以及监理人签发图纸修改的期限等。

3）发包人提供的材料和工程设备

对于包工部分包料的施工承包方式，往往设备和主要建筑材料由发包人负责提供，需明确约定发包人提供的材料和设备分批交货的种类、规格、数量、交货期限和地点等，以便明确合同责任。

4）异常恶劣的气候条件范围

施工过程中遇到不利于施工的气候条件直接影响施工效率，甚至被迫停工。气候条件对施工的影响是合同管理中一个比较复杂的问题，"异常恶劣的气候条件"属于发包人的责任，"不利气候条件"对施工的影响则属于承包人应承担的风险，因此应当根据项目所在地的气候特点，在专用合同条款中明确界定不利于施工的气候条件和异常恶劣的气候条件之间的界限。如多少毫米以上的降水、多少级以上的大风、多少摄氏度以上的超高温或超低温天气等，以明确合同双方对气候变化影响施工的风险责任。

5）物价浮动的合同价格调整

（1）基准日期

通用合同条款规定的基准日期是指投标截止日前第28天。规定基准日期的作用是划分该日后由于政策法规的变化或市场物价浮动对合同价格影响的责任。承包人投标阶段在基准日期后不再进行此方面的调研，进入编制投标文件阶段，因此通用合同条款在两个方面作出了规定：

① 承包人以基准日期前的市场价格编制工程报价，长期合同中调价公式中的可调因素价格指数来源于基准日期的价格；

② 基准日期后，因法律法规、规范标准等的变化，导致承包人在合同履行中所需要的工程成本发生约定以外的增减时，相应调整合同价款。

（2）调价条款

合同履行期间市场价格浮动对施工成本造成的影响是否允许调整合同价格，要视合同工期的长短来决定。

① 简明施工合同的规定。适用于工期在12个月以内的简明施工合同的通用合同条款没有调价条款，承包人在投标报价中合理考虑市场价格变化对施工成本的影响，合同履行期间不考虑市场价格变化调整合同价款。

② 标准施工合同的规定。工期12个月以上的施工合同，由于承包人在投标阶段不可能合理预测1年以后的市场价格变化，因此应设有调价条款，由发包人和承包人共同分担市场价格变化的风险。标准施工合同通用合同条款规定用公式法调价，但调整价格的方法仅适用于工程量清单中按单价支付部分的工程款，总价支付部分不考虑物价浮动对合同价格

的调整。

（3）公式法调价

① 调价公式。施工过程中每次支付工程进度款时，用该公式综合计算本期内因市场价格浮动应增加或减少的价格调整值。

$$\Delta P = P_0 \times \left[ A + \left( B_1 \times \frac{F_{t1}}{F_{01}} + B_2 \times \frac{F_{t2}}{F_{02}} + B_3 \times \frac{F_{t3}}{F_{03}} + \cdots + B_n \times \frac{F_{tn}}{F_{0n}} \right) - 1 \right]$$

式中：$\Delta P$——需调整的价格差额；

$P_0$——付款证书中承包人应得到的已完成工程量的金额。不包括价格调整、质量保证金的扣留、预付款的支付和扣回。变更及其他金额已按现行价格计价的，也不计在内；

$A$——定值权重（不调部分的权重）；

$B_1, B_2, B_3, \cdots, B_n$——各可调因子的变值权重（可调部分的权重），为各可调因子在签约合同价中所占的比例；

$F_{t1}, F_{t2}, F_{t3}, \cdots, F_{tn}$——各可调因子的现行价格指数，指约定的付款证书相关周期最后一天的前 42 天的各可调因子的价格指数；

$F_{01}, F_{02}, F_{03}, \cdots, F_{0n}$——各可调因子的基本价格指数，指基准日期的各可调因子的价格指数。

② 调价公式的基数。价格调整公式中的各可调因子、定值和变值权重，以及基本价格指数及其来源在投标函附录价格指数和权重表中约定，以基准日期的价格为准，因此应在合同调价条款中予以明确。

价格指数应首先采用工程项目所在地有关行政管理部门提供的价格指数，缺乏上述价格指数时，也可采用有关部门提供的价格代替。用公式法计算价格的调整，既可以用支付工程进度款时的市场平均价格指数或价格计算调整值，而不必考虑承包人具体购买材料的价格贵贱，又可以避免采用票据法调整价格时，每次中期支付工程进度款前去核实承包人购买材料的发票或单证后，再计算调整价格的烦琐程序。通用合同条款给出的基准价格指数约定如表 2-1 所示。

表 2-1　价格指数（或价格）与权重

| 名　　称 | | 基本价格指数（或基本价格） | | 权　　重 | | | 价格指数来源（或价格来源） |
|---|---|---|---|---|---|---|---|
| | | 代号 | 指数值 | 代号 | 允许范围 | 投标单位建议值 | |
| 定值部分 | | | | $A$ | | | |
| 变值部分 | 人工费 | $F_{01}$ | | $B_1$ | 至 | | |
| | 水泥 | $F_{02}$ | | $B_2$ | 至 | | |
| | 钢筋 | $F_{03}$ | | $B_3$ | 至 | | |
| | … | … | | … | | | |
| 合计 | | | | | | 1.0 | |

#### 4．明确保险责任

1）工程保险和第三者责任保险

（1）办理保险的责任

① 承包人办理保险。标准施工合同和简明施工合同的通用合同条款中考虑到承包人是工程施工的最直接责任人，因此均规定由承包人负责投保"建筑工程一切险""安装工程一切险"和"第三者责任保险"，并承担办理保险的费用。具体的投保内容、保险金额、保险费率、保险期限等有关内容在专用合同条款中约定。

承包人应在专用合同条款约定的期限内向发包人提交各项保险生效的证据和保险单副本，保险单必须与专用合同条款约定的条件一致。承包人需要变动保险合同条款时，应事先征得发包人同意，并通知监理人。保险人作出保险责任变动的，承包人应在收到保险人通知后立即通知发包人和监理人。承包人应与保险人保持联系，使保险人能够随时了解工程实施中的变动，并确保按保险合同条款要求持续保险。

② 发包人办理保险。如果一个建设工程项目的施工采用平行发包的方式分别交由多个承包人施工，由几家承包人分别投保的话，有可能产生重复投保或漏保，此时由发包人投保为宜。双方可在专用条款中约定，由发包人办理工程保险和第三者责任保险。

无论是由承包人还是由发包人办理工程保险和第三者责任保险，均必须以发包人和承包人的共同名义投保，以保障双方均有出现保险范围内的损失时，可从保险公司获得赔偿。

（2）保险金不足的补偿

如果投保工程一切险的保险金额少于工程实际价值，工程受到保险事件的损害时，不能从保险公司获得实际损失的全额赔偿，则损失赔偿的不足部分按合同相应条款的约定，由该事件的风险责任方负责补偿。某些大型工程项目经常因工程投资额巨大，为了减少保险费的支出，采用不足额投保方式，即以建安工程费的60%～70%作为投保的保险金额，因此受到保险范围内的损害后，保险公司按实际损失的相应百分比予以赔偿。

标准施工合同要求在专用合同条款具体约定保险金不足以赔偿损失时，承包人和发包人应承担的责任。如永久工程损失的差额由发包人补偿，临时工程、施工设备等损失由承包人负责。

（3）未按约定投保的补偿

① 如果负有投保义务的一方当事人未按合同约定办理保险，或未能使保险持续有效，另一方当事人可代为办理，所需费用由对方当事人承担。

② 当负有投保义务的一方当事人未按合同约定办理某项保险，导致受益人未能得到保险人的赔偿，原应从该项保险得到的保险赔偿应由负有投保义务的一方当事人支付。

2）人员工伤事故保险和人身意外伤害保险

发包人和承包人应按照相关法律规定为履行合同的本方人员缴纳工伤保险费，并分别为自己现场项目管理机构的所有人员投保人身意外伤害保险。

3）其他保险

（1）承包人的施工设备保险

承包人应以自己的名义投保施工设备保险，作为工程一切险的附加保险，因为此项保险内容发包人没有投保。

（2）进场材料和工程设备保险

由当事人双方具体约定，在专用合同条款内写明。通常情况下，应是谁采购的材料和工程设备，由谁办理相应的保险。

---

### ■■■ 知识拓展：FIDIC 合同文本简介及部分条款解释 ■■■

**1. FIDIC 合同文本简介**

1）FIDIC 组织

FIDIC 是国际咨询工程师联合会的法文字头的缩写，简称"菲迪克"。FIDIC 是最具权威的国际咨询工程师组织，在总结以往国际工程施工管理的成功经验和失败教训的基础上，发布了大量的项目管理有关文件和标准化的合同文本，推动了全球高质量的工程咨询服务业的发展。

2）FIDIC 发布的标准合同文本

目前得到广泛应用的 FIDIC 标准合同文本有：

（1）《施工合同条件》(2017 版)，适用于各类大型或较复杂的工程项目，承包商按照雇主提供的设计进行施工或施工总承包的合同。

（2）《生产设备和设计——施工合同条件》(2017 版)，适用于由承包商按照雇主要求进行设计、生产设备制造和安装的电力、机械、房屋建筑等工程的合同。

（3）《设计采购施工(EPC)/交钥匙工程合同条件》(2017 版)，适用于承包商以交钥匙方式进行设计、采购和施工，完成一个配备完善的工程，雇主"转动钥匙"时即可运行的总承包项目建设合同。

（4）《简明合同格式》(2017 版)，适用于投资金额相对较小、工期短、不需要进行专业分包，相对简单或重复性的工程项目施工。

（5）《土木工程施工分包合同条件》(1994 版)，适用于承包商与专业工程施工分包商订立的施工合同。

（6）《客户/咨询工程师(单位)服务协议书》(2006 版)，适用于雇主委托工程咨询单位进行项目的前期投资研究、可行性研究、工程设计、招标评标、合同管理和投产准备等的咨询服务合同。

3）FIDIC 的《施工合同条件》

《施工合同条件》是 FIDIC 编制其他合同文本的基础，《生产设备和设计——施工合同条件》和《设计采购施工(EPC)/交钥匙工程合同条件》不但文本格式与《施工合同条件》相同，而且内容要求相同的条款完全照搬施工合同中的相应条款。《简明合同格式》是《施工合同条件》的简化版，对雇主与承包商履行合同过程中的权利、义务规定相同。

《施工合同条件》不但在国际承包工程中得到广泛的应用，而且各国编制的标准施工合同范本也大量参考了该文本的合同格式和条款的约定，包括我国 9 部委颁发的《中华人民共和国标准施工招标文件》中的施工合同。

由国际复兴开发银行、亚洲开发银行、非洲开发银行、黑海贸易与开发银行、加勒比开发银行、欧洲复兴与开发银行、泛美开发银行、伊斯兰开发银行、北欧发展基金与FIDIC 共同对《施工合同条件》通用条件的部分条款进行了细化和调整,形成"06 多边银行版"。由于 FIDIC 编制的合同文本力求在雇主与承包商之间体现风险合理分担的原则,而国际投资金融机构的贷款对象是雇主,调整的条款更偏重于雇主对施工过程中的控制。

**2. FIDIC《施工合同条件》部分条款**

9 部委颁发的标准施工合同文本大量借鉴了 FIDIC《施工合同条件》的条款编制原则,但鉴于我国法律的规定和建筑市场的特点,有些条款部分采用,有些条款没有采纳。以下就此类的部分条款与标准施工合同的差异作一简单介绍。

1)工程师

(1)工程师的地位

工程师属于雇主人员,但不同于雇主雇用的一般人员,在施工合同履行期间独立工作。处理施工过程中有关问题时应保持公平的态度,而非 FIDIC 上一版本《土木工程施工分包合同条件》要求的公正处理原则。

(2)工程师的权力

工程师可以行使施工合同中规定的或必然隐含的权力,雇主只是授予工程师独立作出决定的权限。通用合同条款明确规定,除非得到承包商同意,雇主承诺不对工程师的权力做进一步的限制。

(3)助手的指示

助手相当于我国项目监理机构中的专业监理工程师,工程师可以向助手指派任务和付托部分权力。助手在授权范围内向承包人发出的指示,具有与工程师指示同样的效力。如果承包商对助手的指示有异议时,不需再请助手澄清,可直接提交工程师请其对该指示予以确认、取消或改变。

(4)口头指示

工程师或助手通常采用书面形式向承包商作出指示,但某些特殊情况可以在施工现场发出口头指示,承包商也应遵照执行,并在事后及时补发书面指示。如果工程师未能及时补发书面指示,又在收到承包人将口头指示的书面记录要求工程师确认的函件 2 个工作日内未作出确认或拒绝答复,则承包商的书面函件应视为对口头指示的书面确认。

2)不可预见的物质条件

不可预见的物质条件是针对签订合同时雇主和承包商都无法合理预见的不利于施工的外界条件影响,使承包商增加了施工成本和工期延误,应给承包商的损失相应补偿的条款。我国 9 部委发布的标准施工合同中,取用了该条款应给补偿的部分。FIDIC《施工合同条件》进一步规定,工程师在确定最终费用补偿额时,还应当审查承包商在过去类似部分的施工过程中,是否遇到过比招标文件给出的更为有利的施工条件而节约施工成本的情况。如果有,应在给予承包人的补偿中扣除该部分施工节约的成本作为此事件的最终补偿额。

　　该条款的完整内容,体现了工程师公平处理合同履行过程中有关事项的原则。不可预见的物质条件给承包商造成的损失应给予补偿,承包商以往类似情况节约的成本也应做适当的抵消。应用此条款扣减施工节约成本有4个关键点需要注意:一是承包商未依据此条款提出索赔,工程师不得对以往承包人在有利条件下施工节约的成本主动扣减;二是扣减以往节约成本部分是与本次索赔在施工性质、施工组织和方法相类似部分,如果不类似的施工部位节约的成本不涉及扣除;三是有利部分只涉及以往,以后可能节约的部分不能作为扣除的内容;四是以往类似部分施工节约成本的扣除金额,最多不能大于本次索赔对承包商损失应补偿的金额。

　　3)指定分包商

　　为了防止发包人错误理解指定分包商而干扰建筑市场的正常秩序,我国的标准施工合同中没有选用此条款。在国际各标准施工合同内均有"指定分包商"的条款,说明使用指定分包商有必然的合理性。指定分包商是指由雇主或工程师选定与承包商签订合同的分包商,完成招标文件中规定承包商承包范围以外工程施工或工作的分包人。指定分包商的施工任务通常是承包商无力完成的特殊专业工程施工,需要使用专门技术、特殊设备和专业施工经验的某项专业性强的工程。由于施工过程中承包商与指定分包商的交叉干扰多,工程师无法合理协调才采用的施工组织方式。

　　指定分包商条款的合理性,以不得损害承包商的合法利益为前提。具体表现:一是招标文件中已说明了指定分包商的工作内容;二是承包商有合法理由时,可以拒绝与雇主选定的具体分包单位签订指定分包合同;三是给指定分包商支付的工程款,从承包商投标报价中应回收的间接费、税金、风险费的暂定金额内支出;四是承包商对指定分包商的施工协调收取相应的管理费;五是承包商对指定分包商的违约不承担责任。

　　4)竣工试验

　　(1)未能通过竣工试验

　　我国标准施工合同针对竣工试验结果只作出"通过"或"拒收"两种规定,FIDIC《施工合同条件》增加了雇主可以折价接收工程的情况。如果竣工试验表明虽然承包商完成的部分工程未达到合同约定的质量标准,但该部分工程位于非主体或关键工程部位,对工程运行的功能影响不大,在雇主同意接收的前提下工程师可以颁发工程接收证书。

　　若工程缺陷不会严重影响项目的运行使用,为了提前或按时发挥工程效益,可能同意接收存在缺陷的部分工程。由于该部分工程合同的价格是按质量达到要求前提下确定的,因此同意接收有缺陷的部分工程应当扣减相应的金额。雇主与承包商协商后确定减少的金额,应当足以弥补工程缺陷给雇主带来的价值损失。

　　(2)对竣工试验的干扰

　　承包商提交竣工验收申请报告后,由于雇主应负责的外界条件不具备而不能正常进行竣工试验达到14天以上,为了合理确定承包商的竣工时间和该部分工程移交雇主及时发挥效益,规定工程师应颁发接收证书。缺陷责任期内竣工试验条件具备时,进行该部分工程的竣工试验。由于竣工后的补检试验是承包人投标时无法合理预见的情况,因此补检试验比正常竣工试验多出的费用应补偿给承包商。

5）工程量变化后的单价调整

FIDIC《施工合同条件》规定 6 类情况属于变更的范畴,在我国标准施工合同"变更"条款下规定了 5 种属于变更的情况,相差的一项为"合同中包括的任何工作内容数量的改变"。我国标准施工合同将此情况纳入计量与支付的条款内,但未规定实际完成工程量与工程量清单中预计工程量增减变化较大时,可以调整合同价格的规定。

FIDIC《施工合同条件》对工程量增减变化较大需要调整合同约定单价的原则是,必须同时满足以下 4 个条件:

(1) 该部分工程在合同内约定属于按单价计量支付的部分;

(2) 该部分工作通过计量超过工程量清单中估计工程量的数量变化超过 10%;

(3) 计量的工作数量与工程量清单中该项单价的乘积,超过中标合同金额(我国标准施工合同中的"签约合同价")的 0.01%;

(4) 数量的变化导致该项工作的施工单位成本超过 1%。

6）预付款的扣还

FIDIC《施工合同条件》对工程预付款回扣的起扣点和扣款金额给出明确的量化规定。

(1) 预付款的起扣点

当已支付的工程进度款累计金额,扣除后续支付的预付款和已扣留的保留金(我国标准施工合同中的"质量保证金")两项款额后,达到中标合同价减去暂列金额后的 10% 时,开始从后续的工程进度款支付中回扣工程预付款。

(2) 每次工程进度款支付时扣还的预付款额度

在预付款起扣点后的工程进度款支付时,按本期承包商应得的金额中减去后续支付的预付款和应扣保留金后款额的 25%,作为本期应扣还的预付款。

7）保留金的返还

我国标准施工合同中规定质量保证金在缺陷责任期届满后返还给承包人。FIDIC《施工合同条件》规定保留金在工程师颁发工程接收证书和颁发履约证书后分两次返还。

颁发工程接收证书后,将保留金的 50% 返还承包商。若为其颁发的是按合同约定的分部移交工程接收证书,则返还按分部工程价值比例计算保留金的 40%。

颁发履约证书后将全部保留金返还承包商。由于分部移交工程的缺陷责任期的到期时间早于整个工程的缺陷责任期的到期时间,对分部移交工程的二次返还,也为该部分剩余保留金的 40%。

8）不可抗力事件后果的责任

FIDIC《施工合同条件》和我国标准施工合同对不可抗力事件后果的责任规定不同。我国标准施工合同依据《合同法》的规定,以不可抗力发生的时点来划分不可抗力的后果责任,即以施工现场人员和财产的归属,发包人和承包人各自承担本方的损失,延误的工期相应顺延。FIDIC《施工合同条件》是以承包商投标时能否合理预见来划分风险责任的归属,即由于承包商的中标合同价内未包括不可抗力损害的风险费用,因此对不可抗力的损害后果不承担责任。由于雇主与承包商在订立合同时均不可能预见此类自然灾害和社会性突发事件的发生,且在工程施工过程中既不能避免其发生也不能克服,因此雇主承担风险责任,延误的工期相应顺延,承包商受到损害的费用由雇主给予支付。

# 2.3 建设工程变更与索赔

## 2.3.1 变更

### 1. 概念

在合同实施过程中,发生的各种相对原合同条件的变化,统称为变更。由于大型工程项目建设的复杂性、长期性和动态规律,任何合同都不可能预见和覆盖实施过程中的所有条件变化,因此,合同实施过程中的变更是不可避免的。

### 2. 变更的分类

建设工程的变更归结来说,可分为合同变更与工程变更。

1) 合同变更

(1) 概念

由业主与承包商共同协商后,对原合同文件所做的变更,表现的形式为对原合同文件的修改协议或补充协议。修改协议将代替原合同文件的相应内容;补充协议与原合同文件具有同等的法律效力。

(2) 合同变更范围

① 改变合同工程的范围;

② 改变合同的目标工期,包括加速协议;

③ 改变合同双方责任、权利或利益的规定;

④ 改变合同规定的程序或方法;

⑤ 改变合同某一方原承诺提供的条件,如改变业主在合同中承诺提供的交通、占地、供货等当地支持条件。

2) 工程变更

(1) 概述

工程变更即工程师按合同条款规定指令的变更。表现的形式为工程变更指令。

(2) 工程变更范围

① 工程量的增减。不发变更令,据实增减报价单中的工程量;

② 取消某项施工内容;

③ 改变质量标准或类型;

④ 变化工程某部分的位置、高程、基线、尺寸;

⑤ 增加竣工所需的附加工作;

⑥ 改变施工工序工艺或工作时间。

### 3. 工程变更

施工过程中出现的工程变更包括监理人指示的变更和承包人申请的变更两类。

监理人可按通用合同条款约定的变更程序向承包人作出变更指示,承包人应遵照执行;没有监理人的变更指示,承包人不得擅自变更。

1）监理人指示的变更

（1）直接指示的变更

直接指示的变更属于必须实施的变更。

（2）与承包人协商后确定的变更

① 监理人首先向承包人发出变更意向书，说明变更的具体内容、完成变更的时间要求等，并附必要的图纸和相关资料；

② 承包人收到监理人的变更意向书后，如果同意实施变更，则向监理人提出书面变更建议；

③ 监理人审查承包人的建议书。

2）承包人申请的变更

（1）承包人建议的变更

承包人对发包人提供的图纸、技术要求以及其他方面，提出了可能降低合同价格、缩短工期或者提高工程经济效益的合理化建议，均应以书面形式提交。

（2）承包人要求的变更

承包人收到监理人按合同约定发出的图纸和文件，经检查认为其中存在属于变更范围的情形，可向监理人提出书面变更建议。

**4. 变更的控制措施**

任何变更都会涉及合同双方的责任、权力或利益的调整。通常，合同规定：如果变更的总额度超过原合同价的 10%～15% 后，将会导致原合同单价的重新调整。业主和工程师应采取以下控制措施，尽量减少不必要的变更：

（1）合同文件要详细周密，合同图纸要达到应有深度。招标时业主应向承包商无保留地提供水文、地质等自然条件和有关外部条件的资料。

（2）合同文件应明确规定变更的程序和权限划分。

（3）合同签订后，如果当地法律或法规发生变化，业主应尽快地和承包商协商，力求达成书面协议。

（4）合同双方都应提高各自的履约能力，认真兑现合同中已承诺的责任和义务。

（5）工程师应提高快速反应的能力，避免指示拖延而导致工程延误或合同双方资金流的变化。

## 2.3.2　索赔

**1. 索赔的定义**

随着我国社会主义市场经济的建立和完善，商品交易中发生索赔是一种正常现象。因此，我们应该提高对索赔的认识，加强索赔理论和索赔方法的研究，正确对待和认真做好索赔工作，这对维护合同签约各方的合法权益都具有十分重要的意义。

索赔是当事人在合同实施过程中，根据法律、合同规定及惯例，对并非由于自己的过错，而是属于应由合同对方承担责任且实际发生的损失，向对方提出给予补偿或赔偿的权利。

施工索赔是指在工程项目施工过程中，由于业主或其他原因，致使承包商增加了合同规定以外的工作和费用或造成其他损失,承包商可根据合同规定,并通过合法的途径和程序,要求业主补偿在时间上和经济上所遭受损失的行为。

**2. 索赔的含义**

(1)一方违约使另一方蒙受损失,受损方向另一方提出赔偿损失的要求;

(2)发生了应由发包方承担责任的特殊风险事件或遇到了不利的自然条件等情况,使承包方蒙受了较大损失而向发包方提出补偿损失的要求;

(3)承包方本应当获得正当利益,但由于没有及时得到监理工程师的确认和发包方应给予的支持,而以正式函件的方式向发包方索要。

总之,施工索赔是利用经济杠杆进行项目管理的有效手段,对承包商、业主和监理工程师来说,处理索赔问题水平的高低,也反映他们项目管理水平的高低。随着建筑市场的建立与发展,索赔将成为项目管理中越来越重要的问题。

**3. 索赔的性质**

索赔的性质属于经济补偿行为,而不是惩罚。索赔方所受到的损害,与被索赔方的行为并不一定存在法律上的因果关系。索赔事件的发生,可以是一方行为造成的,也可能是任何第三方行为所导致。索赔工作是承发包双方之间经常发生的管理业务,是双方合作的方式,一般情况下索赔都可以通过协商方式解决。只有发生争议才会导致提出仲裁或诉讼,即使这样,索赔也被看成是遵法守约的正当行为。

**4. 索赔与反索赔**

反索赔是指合同当事人一方向对方提出索赔要求时,被索赔方从自己的利益出发,依据合法理由减少或抵消索赔方的要求,甚至反过来向对方提出索赔要求的行为。

索赔是发包方和承包方都拥有的权利。在工程实践中,一般把发包方向承包方的索赔要求称作反索赔。发包方在索赔中处于主动地位,可以从工程款中抵扣,也可以从保险金中扣款以补偿损失。

**5. 索赔的作用**

(1)索赔可以保证合同的正确实施;

(2)索赔是落实和调整合同当事人双方权利义务关系的手段;

(3)索赔有助于对外承发包工程的开展;

(4)促使工程造价更加合理。

**6. 施工索赔的程序**

当出现索赔事件时,承包方可按下列程序以书面形式向发包方索赔。

(1)提出索赔要求

凡发生不属于承包方责任的事件导致竣工日期拖延或成本增加时,承包方应按监理工程师的指示继续精心施工,在索赔事件发生后28天内向监理工程师发出索赔意向通知。

(2)报送索赔资料

承包方应在发出索赔意向通知后28天内向监理工程师提出延长工期和(或)补偿经济损失的索赔报告及有关资料。索赔报告应当包括承包方的索赔要求和支持索赔要求的有关证据。证据应当详细和全面真实,但不能因收集证据而影响索赔通知书的按时发出,因为通知发出后,施工企业还有补充证据的权利。

（3）监理工程师答复

在接到索赔报告后，监理工程师应抓紧时间对索赔通知（特别是对有关证据材料）进行分析，客观分析事件发生的原因，重温合同的条款，研究承包方的索赔证明，并查阅他们的同期记录。依据合同条款划清责任界限，提出处理意见。监理工程师在收到承包人送交的索赔报告和有关资料后，于28天内给予答复，或要求承包人进一步补充索赔理由和证据。

（4）监理工程师逾期答复后果

监理工程师在收到承包人送交的索赔报告和有关资料后28天内未予答复或未对承包人作进一步要求，视为该项索赔已经认可。

（5）持续索赔

当该索赔事件持续进行时，承包人应当阶段性地向监理工程师发出索赔意向，在索赔事件终了后28天内向监理工程师送交索赔的有关资料和最终索赔报告。索赔答复程序与（3）、（4）条的规定相同。

（6）索赔终结

承包方接受最终的索赔处理决定，索赔事件的处理即结束。如果承包方不同意，则会导致合同的争议，就应通过协商、调解、"或裁或诉"方法解决。

发包方对索赔的管理，应当通过加强施工合同管理，严格执行合同，使对方没有提出索赔的理由和根据。在索赔事件发生后，也应积极收集有关证据资料，以便分清责任，剔除不合理的索赔要求。总之，有效的合同管理是保证合同顺利履行，减少或防止索赔事件发生，降低索赔事件损失的重要手段。

**7. 施工索赔的原因**

索赔是在合同实施过程中，合同当事人一方因对方违约，或其他过错，或无法防止的外因而受到损失时，要求对方给予赔偿或补偿的活动。

施工索赔是在施工过程中，承包人根据合同和法律的规定，对并非由于自己的过错所造成的损失，或承担了合同规定之外的工作所付的额外支出，承包人向发包人提出在经济或时间上要求补偿的活动，我们讲的施工索赔是广义的索赔，还包括发包人对承包人的反索赔。施工索赔的性质是属于经济补偿行为，而不是惩罚，施工索赔发生的主要原因有以下几个方面。

1）建筑过程的难度和复杂性增大

一方面，随着社会的发展，出现了越来越多的新技术、新工艺，发包人对项目建设的质量和功能要求越来越高，越来越完善，因而使设计难度不断增大；另一方面施工过程也变得更加复杂，由于设计难度加大，使得设计不能尽善尽美，往往造成施工过程中随时发现问题，随时解决，需要进行设计变更，这就导致施工费用的变化，从而导致索赔的发生。

2）发包人违约行为

（1）发包人未按合同规定交付施工场地。发包人应当按合同规定的时间交付施工场地，否则承包人即可提出索赔要求。

（2）发包人交付的施工场地没有完全具备施工条件。发包人未在合同规定的期限内办理土地征用、青苗树木赔偿、房屋拆迁、清除地面和地下障碍等工作，施工场地没有或完全具备施工条件。

（3）发包人未保证施工对水、电及电信的需要。发包人未按合同规定将施工所需水、电、电信或线路从施工场地外部接至约定地点，或虽接至约定地点，却没有保证施工期间的需要。

（4）发包人未保证施工期间运输的畅通。发包人没有按合同规定开通施工场地与城乡公共道路的通道或施工场地内的主要交通干道，没有满足施工运输的需要，不能保证施工期间运输的畅通。

（5）发包人未及时提供工地工程地质或地下管网线路资料。发包人没有按合同约定及时向承包人提供施工场地的工程地质和地下管网线路资料，或者提供的数据不符合真实准确的要求。

（6）发包人未及时办理施工所需各种证件。

（7）发包人未及时交付水准点与坐标控制点。发包人未及时将水准点和坐标控制点以书面形式交给承包人。

（8）发包人未及时进行图纸会审及设计交底。发包人未及时组织设计单位和承包人进行图纸会审，未及时向承包人进行设计交底。

（9）发包人没有协调好工地周围建筑物的保护。

（10）发包人没有提供应供的材料设备。发包人没有按合同的规定提供应由发包人提供的建筑材料、机械设备，影响施工正常进行。

（11）发包人拖延合同规定的责任。例如，拖延图样的批准、拖延隐蔽工程的验收、拖延对承包人提问的答复，造成施工的延误。

（12）发包人未按合同规定支付工程款。

3）不可预见因素（不可抗力）

不可抗力是指人们不能预见、不能避免、不能克服的客观情况。不可抗力事件的风险承担应当在合同中约定，承包方可以向保险公司投保。

不可抗力作为人力不可抗拒的力量，包括自然现象和社会现象两种。自然现象包括地震、台风、洪水等；社会现象包括战争、社会动乱、暴乱等。

在许多情况下，不可抗力事件的发生会造成承包方的损失，一般应由发包方承担。例如，进场设备运输必经桥梁因故断塌，使绕道运输费大增。

不可抗力具体有以下几种。

（1）自然灾害。我国法律认为自然灾害是典型的不可抗力。虽然随着科学技术的进步，人类不断提高对自然灾害的预见能力，但是，自然灾害频繁发生会影响施工合同的履行。认定不可抗力的标准，是以自然灾害的发生是否超过了合同规定。

（2）政府行为。是指当事人在订立合同以后，政府当局颁发新的政策、法律和行政措施而导致合同不能履行。

（3）社会异常事件。主要是指一些突发的事件阻碍合同的履行，如社会动乱、暴乱等。

（4）施工中发现文物、古墓、古建筑基础和结构、化石、钱币等具有考古、地质研究价值的或其他影响施工的障碍物。

4）监理工程师的指挥不当

监理工程师是接受发包方委托进行工作的。从施工合同的角度看，其不正当行为给承包方造成的损失应当由发包方承担。其不正当行为包括：

（1）委派具体管理人员未提前通知承包方，即未按合同约定提前通知承包方，对施工造成不利影响；

（2）发出的指令有误，影响了正常的施工；

（3）对承包方的施工组织进行不合理的干预，影响施工的正常进行；

（4）因协调不力或无法进行合理协调，导致承包方的施工受到其他承包方的干扰。由于不同承包方之间无合同关系，因此应向发包方提出索赔要求。

5）合同与工程变更

合同与工程变更是索赔机会，应在合同规定的索赔有效期内完成对索赔事件的处理。在合同与工程变更过程中就应记录、收集、整理所涉及的各种文件作为进一步分析的依据和索赔证据。

（1）变更的估价原则

① 已标价工程量清单中有适用于变更工作的子目的，采用该子目的单价；

② 标价工程量清单中无适用于变更工作的子目，但有类似子目的，可在合理范围内参照类似子目的单价，由监理人按合同约定或确定变更工作的单价；

③ 已标价工程量清单中无适用或类似子目的单价，可按照"成本加利润"的原则，由监理人按照合同约定商定或确定变更工作的单价。

（2）变更价款的确定方法

① 合同中已有适用于变更工程的价格，按合同已有的价格计算、变更合同价款；

② 合同中只有类似于变更工程的价格，可以参照此价格确定变更价格，变更合同价款；

③ 合同中没有适用或类似于变更工程的价格，由承包人提出适当的变更价格，经工程师确认后执行。

6）国家政策、法规的变更

由于国家政策、法规的变更，通常直接影响到工程的造价。显然，这些相关政策、法规的变化，对建筑工程造成较大影响，可依据这些政策、法规的规定向另一方提出补偿要求。

**8. 索赔的主要类型**

索赔的主要类型有按索赔有关当事人分类、按索赔的目的分类、按索赔事件的性质分类、按索赔的处理方式分类、按索赔事件所处合同状态分类、按索赔发生的原因分类、按索赔依据的范围分类等。

1）按索赔有关当事人分类

（1）承包方与发包方之间的索赔；

（2）承包方与分包方之间的索赔；

（3）承包方与供应方之间的索赔；

（4）承包方向保险公司提出的损害赔偿索赔。

2）按索赔的目的分类

（1）工期索赔

由于非承包方责任的原因而导致施工进度延误，承包方向发包方提出要求延长工期、推迟竣工日期的索赔称为工期索赔。

工期索赔形式上是对权利的要求，目的是避免在原定的竣工日不能完工时，被发包方追究拖期违约的责任。获准合同工期延长，不但意味着免除拖期违约赔偿的风险，而且有可能得到提前工期的奖励,最终仍反映在经济效益上。

(2) 费用索赔

费用索赔是承包方向发包方提出在施工过程中由于客观条件改变而导致承包方增加开支或损失的索赔,以挽回不应由承包方负担的经济损失。费用索赔的目的是要求经济补偿。

承包方在进行费用索赔时,应当遵循以下两个原则:

① 所发生的费用应该是承包方履行合同所必需的,如果没有该费用支出,合同将无法继续履行;

② 给予补偿后,承包方应按约定继续履行合同。

常见的费用索赔项目包括人工费、材料费、机械使用费、低值易耗品、工地管理费等。为便于管理,承发包双方和监理工程师应事先将这些费用列出一个清单。

3) 按索赔事件的性质分类

(1) 工程变更索赔

由于发包方或监理工程师指令增加或减少工程量或增加附加工程,变更工程顺序,造成工期延长或费用损失,承包方为此提出的索赔。

(2) 工程中断索赔

由于工程施工受到承包方不能控制的因素而不能继续进行,中断一段时间,承包方提出的索赔。

(3) 工期延长索赔

承包方因发包方未能按合同提供施工条件,如未及时交付设计图纸、技术资料、场地、道路等造成工期延长而提出的索赔。这是工程中极为常见的一种索赔。

(4) 其他原因索赔

如货币贬值、汇率变化、物价和工资上涨、政策法令变化等原因引起的索赔。

4) 按索赔的处理方式分类

(1) 单项索赔

单项索赔是指针对某一干扰事件提出的索赔。

索赔的处理是在合同实施过程中,干扰事件发生时或发生后立即进行。它由合同管理人员处理,并在合同规定的索赔有效期内向发包方提交索赔报告。单项索赔通常原因单一,责任简单,分析起来比较容易,处理起来比较简单。

(2) 综合索赔

综合索赔又称一揽子索赔、总索赔。一般在工程竣工前,承包方将施工过程中未解决的单项索赔集中起来进行综合考虑,提出一份总索赔报告。合同双方在工程交付前后进行最终谈判,以一揽子方案解决索赔问题。由于在一揽子索赔中,许多干扰事件交织在一起,影响因素比较复杂,责任分析和索赔值的计算很困难,使索赔处理和谈判都很困难。

5) 按索赔依据的范围分类

(1) 合同内索赔

合同内索赔是指索赔涉及的内容在合同文件中能够找到依据,发包人或承包人可以据此提出赔偿要求的索赔。比如,工期延误,工程变更,工程师给出错误的指令导致放线的差错,发包人不按合同规定支付进度款等。这种在合同文件中有明文规定的条款,常称为"明示条款"。这类索赔不大容易发生争议,往往容易索赔成功。

（2）合同外索赔

合同外索赔是指难以直接从合同的某条款中找到依据，但可以从对合同条件的合理推断或同其他的有关条款联系起来论证该索赔是合同规定的索赔，这种隐含在合同条款中的要求，国际上常称为"默示条款"。它包含合同明示条款中没有写入，但符合合同双方签订合同时设想的愿望和当时的环境条件的一切条款。这些默示条款，都成为合同文件的有效条款，要求合同双方遵照执行。例如，在一些国际工程的合同条件中，对于外汇汇率变化给承包人带来的经济损失，并无明示条款规定；但是，由于承包人确实受到了汇率变化的损失，承包人有权提出汇率变化损失索赔。这虽然属于非合同规定的索赔，但也能得到合理的经济补偿。

（3）道义索赔

道义索赔是指通情达理的发包人看到承包人为圆满成功地完成某项困难的施工，承受了额外费用损失，甚至承受重大亏损，承包人提出索赔要求时，发包人出于善良意愿给承包人以适当的经济补偿，因在合同条款中没有此项索赔的规定，所以也称为"额外支付"，这往往是合同双方友好信任的表现，但较为罕见。

**9. 施工索赔的证据**

1）证明材料

承包方提供的证据可以包括下列证明材料：

（1）合同文件，包括招标文件、中标书、投标书、合同文本等；

（2）工程量清单、工程预算书和图纸、标准、规范以及其他有关技术资料、技术要求；

（3）施工组织设计和具体的施工进度安排；

（4）合同履行过程中来往函件、各种纪要、协议；

（5）工程照片、气象资料、工程检查验收报告和各种鉴定报告；

（6）施工中送停电、气、水和道路开通、封闭的记录和证明；

（7）官方的物价指数、工资指数、各种财物凭证；

（8）建筑材料、机械设备的采购、订货、运输、进场、使用凭证；

（9）国家的法律、法规、部门的规章等；

（10）其他有关资料。

2）现场的同期记录

从索赔事件发生之日起，承包方就应当做好现场条件和施工情况的同期记录。记录的内容包括事件发生的时间、对事件的调查记录、对事件的损失进行的调查和计算等。做好现场的同期记录是承包方的义务，也是作为索赔的证据资料。

3）费用索赔计算书

详见本书"单元3　建设工程投资控制"。

**10. 施工索赔的避免或减少**

1）避免索赔事件的发生

（1）避免无法预见的不利自然条件或人为障碍而引起的费用索赔事件；

（2）避免或减少工程变更中由于费率和价格变化而引起的费用索赔；

（3）避免由于不及时提供施工图纸及施工现场而引起的费用索赔事件；

（4）避免由于提供的放线资料有差错而引起的费用索赔事件；

（5）避免在施工中由于合同以外的检验而引起的费用索赔事件；

（6）避免对隐蔽工程事后检查而引起的费用索赔事件。

2）尽量减少索赔金额

当索赔事件发生后,监理工程师要采取有效措施,防止事态的扩大,尽量减少索赔的金额。

（1）缩短停工时间

大多数索赔事件是由于承包方以外的原因导致工程施工中断而引起的。监理工程师应根据承包方的施工状况,如果有条件,应立即指令承包方修改作业计划,缩短停工时间,这样可以减少索赔金额。

（2）做好索赔事件的有关记录

有关记录内容包括以下几方面。

① 有关各种调查的记录。如对索赔事件的原因、影响范围及调整承包方的作业计划的可能性进行调查,并做好记录。

② 人员及设备闲置情况。如索赔事件造成工程中断时,监理工程师对施工现场中由于产生索赔事件而造成人员及设备的闲置,应每天进行记录。

③ 工程损坏的情况。对不是承包方的原因而造成工程损坏或已完成的工程要返工,对此种情况,监理工程师应对损坏或返工的工程规模、范围、数量做好检查记录。

④ 其他费用支出情况。对索赔事件影响时间内承包方实际支出的各种费用进行调查、核实,并做好有关记录。

（3）公平合理地确定索赔金额

确定索赔事件的费用金额时,监理工程师应站在公正的立场上确定合理的索赔金额。

（4）避免重复支付

在承包方的索赔费用中,还必须注意索赔的费用是否应在合同的其他规定中支付。凡是在其他规定中已支付了费用的项目,就不能以索赔为名重复支出。

**11. 工期索赔计算**

工程拖期可分为以下两种情况。

（1）由于承包商的原因造成的工程拖期,定义为工程延误,则承包商须向业主支付误期损害赔偿费。工程延误也称为不可原谅的工程拖期,如承包商内部施工组织不好,设备材料供应不及时等。在这种情况下,承包商无权获得工期延长。

（2）由于非承包商原因造成的工程拖期,定义为工程延期,则承包商有权要求业主给予工期延长。工程延期也称为可原谅的工程拖期。它是由于业主、监理工程师或其他客观因素造成的,承包商有权获得工期延长,但是否能获得经济补偿要视具体情况而定。因此,可原谅的工程拖期又可以分为:①可以原谅并给予补偿的拖期,是指承包商有权同时要求延长工期和经济补偿的延误,拖期的责任者是业主或工程师。②可以原谅但不给予补偿的拖期,是指可给予工期延长,但不能对相应经济损失给予补偿的可原谅延误。这往往是由于客观因素造成的拖延。可按表 2-2 工期索赔处理原则进行处理。

工期索赔主要依据合同规定的总工期计划、进度计划,以及双方共同认可的对工期修改文件,调整计划和受干扰后实际工程进度记录,如施工日记、工程进度表等。承包人应在每个月月底以及在干扰事件发生时,分析对比上述资料,发现工期延期以及延期原因,提出有说服力的索赔要求,特别需要说明的是只有发生在关键线路上的工期延期才能提出工期索赔诉求。工程临时/最终延期报审表可参照表 2-3 填写。

表 2-2　工期索赔处理原则

| 索赔原因 | 是否可原谅 | 拖 期 原 因 | 责任者 | 处 理 原 则 | 索 赔 结 果 |
|---|---|---|---|---|---|
| 工程进度拖延 | 可原谅拖期 | 修改设计；施工条件变化；业主原因拖期；工程师原因拖期 | 业主 | 可给予工期延长，可补偿经济损失 | 工期＋经济补偿 |
| | 可原谅拖期 | 异常恶劣气候；工人罢工；天灾 | 客观原因 | 可给予工期延长，不可补偿经济损失 | 工期 |
| | 不可原谅拖期 | 工效不高；施工组织不好；设备材料供应不及时 | 承包商 | 不延长工期不补偿经济损失；向业主支付误期损害赔偿费 | 索赔失败；无权索赔 |

表 2-3　工程临时/最终延期报审表

工程名称：××学校学生公寓　　　　　　　　　　　　　　　　　编号：001

致：　　<u>××学校学生公寓</u>　（项目监理机构）

　　根据施工合同　<u>十条 10.3 款</u>　（条款），由于　<u>台风影响</u>　原因，我方申请工程临时/最终延期　<u>10</u>　（日历天），请予批准。

　　附件：1. 工程延期依据及工期计算

　　　　　2. 证明材料

　　　　　3.

施工项目经理部（盖章）

项目经理（签字）

2015 年 7 月 26 日

审核意见：

☑同意工程临时/最终延期　<u>10</u>　（日历天）。工程竣工日期从施工合同约定的　<u>2017</u>　年　<u>7</u>　月　<u>18</u>　日延迟到　<u>2017</u>　年　<u>7</u>　月　<u>28</u>　日。

☐ 不同意延期，请按约定竣工日期组织施工。

项目监理机构（盖章）

总监理工程师（签字）

2015 年 7 月 26 日

审批意见：

同意监理单位意见，延期 10 天

建设单位（盖章）

建设单位代表（签字）

2015 年 7 月 26 日

【例 2-1】 某工程,发包人和承包人按照《建设工程施工合同(示范文本)》签订了合同,经总监理工程师批准的施工总进度计划如图 2-1 所示(时间单位:天),各项工作均按最早开始时间安排且匀速施工。

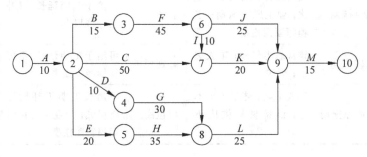

图 2-1  施工总进度计划

工程施工过程中发生以下事件。

事件 1:合同约定开工日期前 10 天,承包人向项目监理机构递交了书面申请,请求将开工日期推迟 5 天。理由:已安装的施工起重机械未通过有资质检验机构的安全验收,需要更换主要支撑部件。

事件 2:主体结构施工时,发包人收到用于工程的商品混凝土不合格的举报,立刻指令总包单位暂停施工。经检测鉴定单位对商品混凝土的抽样检验及混凝土实体质量抽样检测,质量符合要求。为此,施工总包单位向项目监理机构提交了暂停施工后人员窝工及机械闲置的费用索赔申请。

事件 3:施工总进度计划调整后,工作 L 按期开工。施工合同约定,工作 L 需安装的设备由发包人采购,由于设备到货检验不合格,发包人进行了退还。由此导致承包人吊装机械台班费损失 8 万元,工作 L 拖延 9 天。承包人向项目监理机构提交了费用补偿和工程延期申请。

问题 1:事件 1 中,项目监理机构是否应批准工程推迟开工?说明理由。

问题 2:事件 2 中,发包人的做法是否妥当?项目监理机构是否应批准施工总包单位?

问题 3:事件 3 中,项目监理机构是否应批准费用补偿和工程延期?分别说明理由。

【解】 (1)总监理工程师应批准事件 1 中承包人提出的延期开工申请。理由:根据《建设工程施工合同(示范文本)》的规定,如果承包人不能按时开工,应在不迟于协议约定的开工日期前 7 天以书面形式向监理工程师提出延期开工的理由和要求,本案例是在开工前 10 天提出的。承包人在合同规定的有效期内提出了申请,承包人不具备施工条件。总监理工程师应批准承包人提出的延期 5 天开工申请。但由于承包人自身责任,相应工期不予顺延。

(2)发包人的做法不妥。理由:根据《建设工程监理规范》(GB/T 50319—2013)规定,发包人与承包人之间与建设工程有关的联系活动应通过监理单位进行,故发包人收到举报后,应通过总监理工程师下达《工程暂停施工令》应批准索赔申请,因质量符合要求,应由发包人承担相关费用。

(3)费用补偿批准。因为是发包人采购的材料出现质量检测不合格导致的,故监理机构应批准承包人因此发生的费用损失。

工期不予顺延。因为 L 工作拖延后的工期 9 天未超过其总时差 10 天,故不应补偿工期。

# 单元 2 能力训练

按照《建设工程施工合同(示范文本)》,编制浙江建设职业技术学院 2 号学生公寓施工承包合同和合同管理汇总表,并根据工期影响的事件,编制工期索赔报告。

**1. 训练步骤和方法**

1)《建设工程施工合同(示范文本)》的学习

结合教师给定的施工合同示例或参照网上的范例,自行学习《建设工程施工合同(示范文本)》。

2)施工合同编制

根据查找的资料,参照教师给定的施工合同示例,以浙江建设职业技术学院 2 号学生公寓为背景编制施工合同。

3)合同管理汇总表编制

参照教师给定的合同管理汇总表示例(表 2-4),以浙江建设职业技术学院 2 号学生公寓施工合同为背景编制合同管理汇总表。

4)工期索赔报告编制

以教师给定的工地材料为背景编制工期索赔报告,并给出监理回复意见。

**2. 工期索赔报告的格式要求**

(1)工程背景。

(2)工期索赔事件描述。

(3)工期索赔事件原因分析及对应的索赔诉求。

**表 2-4 合同管理汇总表**

| 工程名称 | | | 合同名称 | | | | 标的 | | |
|---|---|---|---|---|---|---|---|---|---|
| 关联合同 | 名称 | | 标的 | | 订立时间 | 名称 | | 标的 | 订立时间 |
| | 名称 | | 标的 | | 订立时间 | 名称 | | 标的 | 订立时间 |
| | 名称 | | 标的 | | 订立时间 | 名称 | | 标的 | 订立时间 |
| 主要约定 | 人员 | | | | | | | | |
| | 支付 | | | | | | | | |
| | 结算 | | | | | | | | |
| | 变更 | | | | | | | | |
| | 索赔 | | | | | | | | |
| | 违约 | | | | | | | | |
| | 其他 | | | | | | | | |
| 合同管理实务 | 项目 | 时间 | | | 事件 | | | 结论 | |
| | 变更 | | | | | | | | |
| | 索赔 | | | | | | | | |
| | 告知 | | | | | | | | |
| | 其他 | | | | | | | | |

### 3. 训练参考资料

训练参考资料请扫描二维码下载观看。

建设工程施工合同（示范文本）（GF-2017-0201）

建设工程监理合同示范文本（GF-2012-0202）

建设工程勘察合同示范文本（GF-2016-0203）

建设工程设计合同示范文本（房屋建筑工程）（GF-2015-0209）

建设工程设计合同示范文本（专业建设工程）（GF-2015-0210）

# 单元 3 建设工程投资控制

**1. 知识目标**

(1) 了解：建设工程项目投资的概念，工程结算的基本概念。

(2) 熟悉：项目监理机构在建设工程投资控制中的主要工作，工程计量的程序、竣工结算的程序，现场签证过程。

(3) 掌握：投资控制的措施，竣工结算的编制及审查，施工索赔费用计算。

**2. 能力目标**

(1) 能在项目施工阶段应用投资控制的措施纠正发生的偏差，保证项目投资管理目标的实现。

(2) 能对工程量进行核算，工程进度款支付审核。

(3) 会计算索赔费用。

**3. 教学重点、难点和关键点**

(1) 重点：建设工程项目投资控制原理，竣工结算程序、工程计量程序，现场签证过程。

(2) 难点：项目监理机构在建设工程投资控制中的主要工作，工程计量方法，施工索赔费用计算。

(3) 关键点：投资控制的措施，竣工结算审查方法，施工索赔费用计算。

## 3.1 建设工程投资控制概述

### 3.1.1 建设工程项目投资的概念

建设工程项目投资是指进行某项工程建设花费的全部费用。生产性建设工程项目总投资包括建设投资和铺底流动资金两部分；非生产性建设工程项目总投资则只包括建设投资。

建设投资由设备及工器具购置费、建筑安装工程费、工程建设其他费用、预备费（包括基本预备费和涨价预备费）和建设期利息组成。

设备及工器具购置费是指按照建设工程设计文件要求，建设单位（或其委托单位）购置或自制达到固定资产标准的设备和新建、扩建项目配置的首套工器具及生产家具所需的费用。设备及工器具购置费由设备原价、工器具原价和运杂费（包括设备成套公司服务费）组成。在生产性建设工程中，设备及工器具投资主要表现为其他部门创造的价值向建设工程中的转移，但这部分投资是建设工程项目投资中的积极部分，它占项目投资比重的提高，意味着生产技术的进步和资本有机构成的提高。

建筑安装工程费是指建设单位用于建筑和安装工程方面的投资，它由建筑工程费和安装工程费两部分组成。建筑工程费是指建设工程涉及范围内的建筑物、构筑物、场地平整、道路、室外管道铺设、大型土石方工程费用等。安装工程费是指主要生产、辅助生产、公用工程等单项工程中需要安装的机械设备、电器设备、专用设备、仪器仪表等设备的安装及配件工程费,以及工艺、供热、供水等各种管道、配件、闸门和供电外线安装工程费用等。

工程建设其他费用是指未纳入以上两项的费用。根据设计文件要求和国家有关规定应由项目投资支付的、为保证工程建设顺利完成和交付使用后能够正常发挥效用而发生的一些费用。工程建设其他费用可分为 3 类:第一类是土地使用费,包括土地征用及迁移补偿费和土地使用权出让金;第二类是与项目建设有关的费用,包括建设单位管理费、勘察设计费、研究试验费、建设工程监理费等;第三类是与未来企业生产经营有关的费用,包括联合试运转费、生产准备费、办公和生活家具购置费等。

建设投资可分为静态投资部分和动态投资部分。静态投资部分由建筑安装工程费、设备及工器具购置费、工程建设其他费和基本预备费构成。动态投资部分是指在建设期内,因建设期利息和国家新批准的税费、汇率、利率变动以及建设期价格变动引起的建设投资增加额,包括涨价预备费和建设期利息。

## 3.1.2 建设工程投资控制原理

### 1. 概念

建设工程投资控制是指在投资决策、设计、发包、施工以及竣工等阶段,把建设工程投资控制在批准的投资限额以内,并随时纠正发生的偏差,以保证项目投资管理目标的实现,以求在建设工程中能合理使用人、财、物,取得较好的投资效益和社会效益。

### 2. 投资控制的动态原理

投资控制是项目控制的主要内容之一。投资控制原理如图 3-1 所示。这种控制是动态的,并贯穿于项目建设的始终。

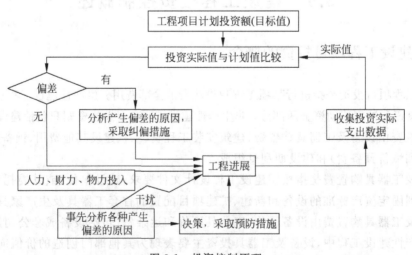

图 3-1　投资控制原理

这个流程应每两周或一个月循环进行,图 3-1 表达的含义如下。

(1) 项目投入,即把人力、财力、物力投入项目实施中。

（2）在工程进展过程中，必定存在各种各样的干扰，如恶劣天气、设计出图不及时等。

（3）收集实际数据，即对项目进展情况进行评估。

（4）把投资目标的计划值与实际值进行比较。

（5）检查实际值与计划值有无偏差，如果没有偏差，则项目继续进展，继续投入人力、物力和财力等。

（6）如果有偏差，则需要分析产生偏差的原因，采取控制措施。

在这一动态控制过程中，应着重做好以下几项工作。

（1）对计划值的论证和分析。实践证明，由于各种主观因素和客观因素的制约，项目规划中的项目计划值有可能是难以实现或不尽合理的，需要在项目实施的过程中，或合理调整，或细化和精确化。只有项目目标是正确合理的，项目控制方能有效。

（2）及时对项目进展作出评估，即收集实际数据。没有实际数据的收集，就无法清楚项目的实际进展情况，更不可能判断是否存在偏差。因此，数据的及时、完整和正确是确定偏差的基础。

（3）进行项目计划值与实际值的比较，以判断是否存在偏差。这种比较同样也要求在项目规划阶段就应对数据体系进行统一的设计，以保证比较工作的效率和有效性。

（4）采取控制措施（防止和纠偏）以确保投资控制目标的实现。

**3. 投资控制的目标**

控制是为确保目标的实现而服务的，一个系统若没有目标，就不需要、也无法进行控制。目标的设置应是很严肃的，应有科学的依据。

工程项目建设过程是一个周期长、投入大的生产过程，建设者在一定时间内拥有的经验知识是有限的，不但常常受到科学条件和技术条件的限制，而且也受到客观过程的发展及其表现程度的限制，因而不可能在工程建设伊始，就设置一个科学的、一成不变的投资控制目标，而只能设置一个大致的投资控制目标，这就是投资估算。随着工程建设实践、认识、再实践、再认识，投资控制目标一步步清晰、准确，这就是设计概算、施工图预算、承包合同价等。也就是说，投资控制目标的设置应是随着工程项目建设实践的不断深入而分阶段设置，具体来讲，投资估算应是建设工程设计方案选择和进行初步设计的投资控制目标；设计概算应是进行技术设计和施工图设计的投资控制目标；施工图预算或建安工程承包合同价则应是施工阶段的投资控制目标。有机联系的各个阶段目标相互制约，相互补充，前者控制后者，后者补充前者，共同组成建设工程投资控制的目标系统。

目标要既有先进性又有实现的可能性，目标水平要能激发执行者的进取心和充分发挥他们的工作能力，挖掘他们的潜力。若目标水平太低，如对建设工程投资高估冒算，则对建造者缺乏激励性，建造者也没有发挥潜力的余地，目标形同虚设；若目标水平太高，如在建设工程立项时投资就留有缺口，建造者一再努力也无法达到，则可能产生灰心情绪，使工程投资控制成为一纸空文。

**4. 投资控制的重点**

投资控制贯穿于项目建设的全过程，这一点是毫无异议的，但是必须重点突出。图3-2是国外描述的不同建设阶段影响建设工程投资程度的坐标图，该图与我国情况大致是吻合的。从该图可以看出，影响项目投资最大的阶段，是约占工程项目建设周期1/4的技术设计结束前的工作阶段。在初步设计阶段，影响项目投资的可能性为75%～95%；在技术设计阶段,影响项目投资的可能性为35%~75%;在施工图设计阶段,影响项目投资的可能性则为5%~35%。很显然,项目投资控制的重点在于施工以前的投资决策和设计阶段,而在项目作出投资决策后,控制项目投资的关键就在于设计。据西方一些国家分析,设计费一般只相当于建设工程全寿命费用的1%以下,但正是这少于1%的费用却基本决定了几乎全部随后的费用。由此可见,设计对整个建设工程的效益是何等重要。这里所说的建设工程全寿命费用包括建设投资和工程交付使用后的经常性开支费用(含经营费用、日常维护修理费用、使用期内大修理和局部更新费用)以及该项目使用期届满后的报废拆除费用等。

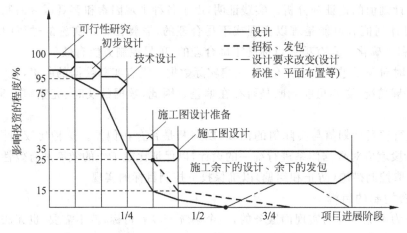

图 3-2  不同建设阶段影响建设项目投资程度的坐标图

**5. 投资控制的措施**

为了有效地控制建设工程投资,应从组织、技术、经济、合同与信息管理等多方面采取措施。从组织上采取措施,包括明确项目组织结构,明确投资控制者及其任务,以使投资控制有专人负责,明确管理职能分工;从技术上采取措施,包括重视设计多方案选择,严格审查监督初步设计、技术设计、施工图设计、施工组织设计,深入技术领域,研究节约投资的可能性;从经济上采取措施,包括动态地比较投资的实际值和计划值,严格审核各项费用支出,采取节约投资的奖励措施等。

应该看到,技术与经济相结合是控制投资最有效的手段。长期以来,在我国工程建设领域,技术与经济相分离。许多国外专家指出,中国工程技术人员的技术水平、工作能力、知识面,跟外国同行相比,几乎不相上下,但他们缺乏经济观念。国外的技术人员时刻考虑如何降低工程投资,但中国技术人员则把它看成与己无关的财会人员的职责。而财会、概预算人员的主要责任是根据财务制度办事,他们往往不熟悉工程知识,也较少了解工程进展中的各种关系和问题,往往单纯地从财务制度角度审核费用开支,难以有效地控制工程投资。为此,当前迫切需要解决的是以提高项目投资效益为目的,在工程建设过程中把技术与经济有机结合,通过技术比较、经济分析和效果评价,正确处理技术先进与经济合理两者之间的对立统一关系,力求在技术先进条件下的经济合理,在经济合理基础上的技术先进,把控制工程项目投资观念渗透到各阶段中。

建设工程的投资主要发生在施工阶段,这一阶段需要投入大量的人力、物力、财力等,是工程项目建设费用消耗最多的时期,浪费投资的可能性比较大。因此,监理单位应督促承包单位精心地组织施工,挖掘各方面潜力,节约资源消耗,这样可以收到节约投资的明显效果。参建各方对施工阶段的投资控制应给予足够的重视,仅仅靠控制工程款的支付是不够的,应从组织、经济、技术、合同等多方面采取措施,控制投资。

项目监理机构在施工阶段投资控制的具体措施如下。

1) 组织措施

(1) 在项目监理机构中落实从投资控制角度对施工跟踪的人员进行任务分工和职能分工。

(2) 编制施工阶段投资控制工作计划和详细的工作流程图。

2) 经济措施

(1) 编制资金使用计划,确定、分解投资控制目标。对工程项目造价目标进行风险分析,并制定防范性对策。

(2) 进行工程计量。

(3) 复核工程付款账单,签发付款证书。

(4) 在施工过程中进行投资跟踪控制,定期进行投资实际值与计划值的比较;发现偏差,分析产生偏差的原因,采取纠偏措施。

(5) 协商确定工程变更的价款。审核竣工结算。

(6) 对工程施工过程中的投资支出做好分析与预测,经常或定期向建设单位提交项目投资控制及其存在问题的报告。

3) 技术措施

(1) 对设计变更进行技术经济比较,严格控制设计变更。

(2) 继续寻找通过设计挖潜节约投资的可能性。

(3) 审核承包人编制的施工组织设计,对主要施工方案进行技术经济分析。

4) 合同措施

(1) 做好工程施工记录,保存各种文件图纸,特别是注有实际施工变更情况的图纸,注意积累素材,为正确处理可能发生的索赔提供依据,参与处理索赔事宜。

(2) 参与合同修改、补充工作,着重考虑它对投资控制的影响。

## 3.1.3 建设工程投资控制的主要任务

投资控制是我国建设工程监理的一项主要任务,贯穿于监理工作的各个环节。根据《建设工程监理规范》(GB/T 50319—2013)的规定,工程监理单位要依据法律法规、工程建设标准、勘察设计文件及合同,在施工阶段对建设工程进行造价控制。同时,工程监理单位还应根据建设工程监理合同的约定,在工程勘察、设计、保修等阶段为建设单位提供相关服务工作。以下分别是施工阶段和在相关服务阶段监理机构在投资控制中的主要工作。

**1. 施工阶段投资控制的主要工作**

1) 进行工程计量和付款签证

(1) 专业监理工程师对施工单位在工程款支付报审表中提交的工程量和支付金额进行复核,确定实际完成的工程量,提出到期应支付给施工单位的金额,并提出相应的支持性材料。

(2) 总监理工程师对专业监理工程师的审查意见进行审核,签认后报建设单位审批。

(3) 总监理工程师根据建设单位的审批意见,向施工单位签发工程款支付证书。

2) 对完成工程量进行偏差分析

项目监理机构应建立月完成工程量统计表,对实际完成量与计划完成量进行比较分析,发现偏差的,应提出调整建议,并应在监理月报中向建设单位报告。

3) 审核竣工结算款

(1) 专业监理工程师审查施工单位提交的竣工结算款支付申请,提出审查意见。

(2) 总监理工程师对专业监理工程师的审查意见进行审核,签认后报建设单位审批,同时抄送施工单位,并就工程竣工结算事宜与建设单位、施工单位协商;达成一致意见的,根据建设单位审批意见向施工单位签发竣工结算款支付证书;不能达成一致意见的,应按施工合同约定处理。

4) 处理施工单位提出的工程变更费用

(1) 总监理工程师组织专业监理工程师对工程变更费用及工期影响作出评估。

(2) 总监理工程师组织建设单位、施工单位等共同协商确定工程变更费用及工期变化,会签工程变更单。

(3) 项目监理机构可在工程变更实施前与建设单位、施工单位等协商确定工程变更的计价原则、计价方法或价款。

(4) 建设单位与施工单位未能就工程变更费用达成协议时,项目监理机构可提出一个暂定价格并经建设单位同意,作为临时支付工程款的依据。工程变更款项最终结算时,应以建设单位与施工单位达成的协议为依据。

5) 处理费用索赔

(1) 项目监理机构应及时收集、整理有关工程费用的原始资料,为处理费用索赔提供证据。

(2) 审查费用索赔报审表。需要施工单位进一步提交详细资料时,应在施工合同约定的期限内发出通知。

(3) 与建设单位和施工单位协商一致后,在施工合同约定的期限内签发费用索赔报审表,并报建设单位。

(4) 当施工单位的费用索赔要求与工程延期要求相关联时,项目监理机构可提出费用索赔和工程延期的综合处理意见,并应与建设单位和施工单位协商。

(5) 因施工单位原因造成建设单位损失,建设单位提出索赔时,项目监理机构应与建设单位和施工单位协商处理。

**2. 相关服务阶段投资控制的主要工作**

1) 工程勘察设计阶段

(1) 协助建设单位编制工程勘察设计任务书和选择工程勘察设计单位,并应协助签订工程勘察设计合同。

(2) 审核勘察单位提交的勘察费用支付申请表,以及签发勘察费用支付证书。

(3) 审核设计单位提交的设计费用支付申请表,以及签认设计费用支付证书。

(4) 审查设计单位提交的设计成果,并应提出评估报告。

(5) 审查设计单位提出的新材料、新工艺、新技术、新设备在相关部门的备案情况。必要时应协助建设单位组织专家评审。

（6）审查设计单位提出的设计概算、施工图预算，提出审查意见。

（7）分析可能发生索赔的原因，制定防范对策。

（8）协助建设单位组织专家对设计成果进行评审。

（9）根据勘察设计合同，协调处理勘察设计延期、费用索赔等事宜。

2）工程保修阶段

（1）对建设单位或使用单位提出的工程质量缺陷，工程监理单位应安排监理人员进行检查和记录，并应要求施工单位予以修复，同时应监督实施，合格后应予以签认。

（2）工程监理单位应对工程质量缺陷原因进行调查，并应与建设单位、施工单位协商确定责任归属。对非施工单位原因造成的工程质量缺陷，应核实施工单位申报的修复工程费用，并应签认工程款支付证书。

# 3.2　建设工程工程款支付与竣工结算

## 3.2.1　工程结算

### 1. 概念

工程结算是指建筑工程施工企业在完成工程任务后，依据施工合同的有关规定，按照规定程序向建设单位收取工程价款的一项经济活动。

工程结算的意义如下：

（1）反映工程进度的主要指标；

（2）加速资金周转的重要环节；

（3）考核经济效益的重要指标。

### 2. 工程结算分类

工程结算必须采取阶段性结算的方法，分为工程价款结算和工程竣工结算两种。

（1）工程价款结算是指施工企业在工程实施过程中，依据施工合同中关于付款条款和工程进展所完成的工程量，按照规定程序向建设单位收取工程价款。

（2）工程竣工结算是指施工企业按照合同规定的内容，全部完成所承包的单位工程或单项工程，经有关部门验收质量合格，并符合合同要求后，按照规定程序向建设单位办理最终工程价款结算。

## 3.2.2　合同价款期中支付

### 1. 工程预付款

工程预付款是建设工程施工合同订立后由发包人按照合同约定，在正式开工前预先支付给承包人的工程款。它是施工准备和所需要材料、结构件等流动资金的主要来源。工程是否实行预付款，取决于工程性质、承包工程量的大小及发包人在招标文件中的规定。工程实行预付款的，发包人应按照合同约定支付工程预付款，承包人应将预付款专用于合同工程。支付的工程预付款，按照合同约定在工程进度款中抵扣。

1) 预付款的支付

(1) 额度：不宜高于合同额的 30％。包工包料工程的预付款的支付比例不得低于签约合同价（扣除暂列金额）的 10％，不宜高于签约合同价（扣除暂列金额）的 30％。对重大工程项目，按年度工程计划逐年预付。实行工程量清单计价的工程，实体性消耗和非实体性消耗部分应在合同中分别约定预付款比例（或金额）。

(2) 支付时间：承包人应在签订合同或向发包人提供与预付款等额的预付款保函后向发包人提交预付款支付申请。发包人应在收到支付申请的 7 天内进行核实后向承包人发出预付款支付证书，并在签发支付证书后的 7 天内向承包人支付预付款。发包人没有按合同约定按时支付预付款的，承包人可催告发包人支付；发包人在预付款期满后的 7 天内仍未支付的，承包人可在付款期满后的第 8 天起暂停施工。发包人应承担由此增加的费用和延误的工期，并应向承包人支付合理利润。

2) 预付款的扣回

发包人拨付给承包人的工程预付款属于预支的性质。随着工程进度的推进，拨付的工程进度款数额不断增加，工程所需主要材料、构件的储备逐步减少，原已支付的预付款应以抵扣的方式从工程进度款中予以陆续扣回。预付款应从每一个支付期应支付给承包人的工程进度款中扣回，直到扣回的金额达到合同约定的预付款金额为止。承包人的预付款保函的担保金额根据预付款扣回的数额相应递减，但在预付款全部扣回之前一直保持有效。发包人应在预付款扣完后的 14 天内将预付款保函退还给承包人。

预付的工程款必须在合同中约定扣回方式，常用的扣回方式有以下几种。

(1) 在承包人完成金额累计达到合同总价一定比例（双方合同约定）后，采用等比率或等额扣款的方式分期抵扣。也可针对工程实际情况具体处理，如有些工程工期较短、造价较低，就无须分期扣还；有些工期较长，如跨年度工程，其预付款的占用时间很长，根据需要可以少扣或不扣。

(2) 从未完施工工程尚需的主要材料及构件的价值相当于工程预付款数额时起扣，从每次中间结算工程价款中，按材料及构件比重抵扣工程预付款，至竣工之前全部扣清。其基本计算公式如下。

① 起扣点的计算公式

$$T = P - \frac{M}{N}$$

式中：$T$——起扣点，即工程预付款开始扣回的累计已完工程价值；

$P$——承包工程合同总额；

$M$——工程预付款数额；

$N$——主要材料及构件所占比重。

② 第一次扣还工程预付款数额的计算公式

$$a_1 = \left( \sum_{i=1}^{n} T_i - 1 \right) \times N$$

式中：$a_1$——第一次扣还工程预付款数额；

$\sum T_i$——累计已完工程价值。

③ 第二次及以后各次扣还工程预付款数额的计算公式

$$a_i = T_i \times N$$

式中：$a_i$——第 $i$ 次扣还工程预付款数额（$i > 1$）；

　　　$T_i$——第 $i$ 次扣还工程预付款时，当期结算的已完工程价值。

**2. 安全文明施工费**

财政部、国家安全生产监督管理总局印发的《企业安全生产费用提取和使用管理办法》［财企〔2012〕16 号］第十九条对企业安全费用的使用范围作了规定，建设工程施工阶段的安全文明施工费包括的内容和使用范围，应符合此规定。

鉴于安全文明施工的措施具有前瞻性，必须在施工前予以保证。因此，发包人应在工程开工后的 28 天内预付不低于当年施工进度计划的安全文明施工费总额的 50%，其余部分按照提前安排的原则进行分解，与进度款同期支付。发包人没有按时支付安全文明施工费的，承包人可催告发包人支付；发包人在付款期满后的 7 天内仍未支付的，若发生安全事故，发包人应承担相应责任。

承包人对安全文明施工费应专款专用，在财务账目中单独列项备查，不得挪作他用，否则发包人有权要求其限期改正；逾期未改正的，造成的损失和延误的工期由承包人承担。

**3. 进度款**

建设工程合同是先由承包人完成建设工程，后由发包人支付合同价款的特殊承揽合同，由于建设工程具有投资大、施工期长等特点，合同价款的履行顺序主要通过"阶段小结、最终结清"来实现。当承包人完成了一定阶段的工程量后，发包人就应该按合同约定履行支付工程进度款的义务。

发承包双方应按照合同约定的时间、程序和方法，根据工程计量结果，办理期中价款结算，支付进度款。进度款支付周期，应与合同约定的工程计量周期一致。其中，工程量的正确计量是发包人向承包人支付进度款的前提和依据。计量和付款周期可采用分段或按月结算的方式，按照财政部、原建设部印发的《建设工程价款结算暂行办法》［财建〔2004〕369 号］的规定有两种结算与支付方法。

（1）按月结算与支付。即实行按月支付进度款，竣工后结算的办法。合同工期在两个年度以上的工程，在年终进行工程盘点，办理年度结算。

（2）分段结算与支付。即当年开工、当年不能竣工的工程按照工程形象进度，划分不同阶段，支付工程进度款。

当采用分段结算方式时，应在合同中约定具体的工程分段划分方法，付款周期应与计量周期一致。

《建设工程工程量清单计价规范》（GB 50500—2013）规定：已标价工程量清单中的单价项目，承包人应按工程计量确认的工程量与综合单价计算；如综合单价发生调整的，以发承包双方确认调整的综合单价计算进度款。已标价工程量清单中的总价项目，承包人应按合同中约定的进度款支付分解，分别列入进度款支付申请中的安全文明施工费和本周期应支付的总价项目的金额中。发包人提供的甲供材料金额，应按照发包人签约提供的单价和数量从进度款支付中扣出，列入本周期应扣减的金额中。进度款的支付比例按照合同约定，按期中结算价款总额计，不低于 60%，不高于 90%。

　　1) 支付申请内容和支付程序

　　承包人应在每个计量周期到期后的 7 天内向发包人提交已完工程进度款支付申请一式四份,详细说明此周期认为有权得到的款额,包括分包人已完工程的价款。支付申请应包括下列内容。

　　(1) 累计已完成的合同价款。

　　(2) 累计已实际支付的合同价款。

　　(3) 本周期合计完成的合同价款:

　　① 本周期已完成单价项目的金额;

　　② 本周期应支付的总价项目的金额;

　　③ 本周期已完成的计日工价款;

　　④ 本周期应支付的安全文明施工费;

　　⑤ 本周期应增加的金额。

　　(4) 本周期合计应扣减的金额,包括:

　　① 本周期应扣回的预付款;

　　② 本周期应扣减的金额。

　　(5) 本周期实际应支付的合同价款。

　　发包人应在收到承包人进度款支付申请后,根据计量结果和合同约定对申请内容予以核实,确认后向承包人出具进度款支付证书。若发承包双方对有的清单项目的计量结果出现争议,发包人应对无争议部分的工程计量结果向承包人出具进度款支付证书。发包人应在签发进度款支付证书后,按照支付证书列明的金额向承包人支付进度款。若发包人逾期未签发进度款支付证书,则视为承包人提交的进度款支付申请已被发包人认可,承包人可向发包人发出催告付款的通知。发包人应在收到通知后的 14 天内,按照承包人支付申请的金额向承包人支付进度款。发包人未按规定支付进度款的,承包人可催告发包人支付,并有权获得延迟支付的利息;发包人在付款期届满后仍未支付的,承包人可在付款期届满后暂停施工。发包人应承担由此增加的费用和延误的工期,向承包人支付合理利润,并应承担违约责任。发现已签发的任何支付证书有错、漏或重复的数额,发包人有权予以修正,承包人也有权提出修正申请。经发承包双方复核同意修正的,应在本次到期的进度款中支付或扣除。

　　2) 工程计量

　　(1) 概念

　　工程计量是指根据发包人提供的施工图纸、工程量清单和其他文件,项目监理机构对承包人申报的合格工程的工程量进行的核验。它不仅是控制项目投资支出的关键环节,同时也是约束承包人履行合同义务,强化承包人合同意识的手段。工程量的正确计量是发包人向承包人支付工程进度款的前提和依据,必须按照相关工程现行国家计量规范规定的工程量计算规则计算。工程计量可选择按月或按工程形象进度分段计量,具体计量周期在合同中约定。因承包人原因造成的超出合同工程范围施工或返工的工程量,发包人不予计量。成本加酬金合同参照单价合同计量。

　　(2) 工程计量的依据

　　工程计量的依据一般有质量合格证书、工程量清单前言、技术规范中的"计量支付"条款和设计图纸。也就是说,计量时必须以这些资料为依据。

① 质量合格证书。对于承包人已完的工程,并不是全部进行计量的,而只是质量达到合同标准的已完工程才予以计量。所以工程计量必须与质量监理紧密配合,经过专业工程师检验,工程质量达到合同规定的标准后,由专业工程师签署报验申请表(质量合格证书)。只有质量合格的工程才予以计量。所以说质量监理是计量监理的基础,计量又是质量监理的保障,通过计量支付,强化承包人的质量意识。

② 工程量清单前言和技术规范。工程量清单前言和技术规范是确定计量方法的依据。因为工程量清单前言和技术规范的"计量支付"条款规定了清单中每一项工程的计量方法,同时还规定了按规定的计量方法确定的单价所包括的工作内容和范围。

例如,某高速公路技术规范计量支付条款规定:所有道路工程、隧道工程和桥梁工程中的路面工程按各种结构类型及各层不同厚度分别汇总,以图纸所示或工程师指示为依据,按经工程师验收的实际完成数量,以平方米为单位分别计量。计量方法是根据路面中心线的长度乘图纸所表明的平均宽度,再加单独测量的岔道、加宽路面、喇叭口和道路交叉处的面积,以平方米为单位计量。除工程师书面批准外,凡超过图纸所规定的任何宽度、长度、面积或体积均不予计量。

③ 设计图纸。单价合同以实际完成的工程量进行结算,但被工程师计量的工程数量,并不一定是承包人实际施工的数量。计量的几何尺寸要以设计图纸为依据,工程师对承包人超出设计图纸要求增加的工程量和自身原因造成返工的工程量,不予计量。

例如,在京津塘高速公路施工监理中,灌注桩的计量支付条款中规定按照设计图纸以延米计量,其单价包括所有材料及施工的各项费用。根据这个规定,如果承包人做了 35 米,而桩的设计长度 30 米,则只计量 30 米,发包人按 30 米付款。承包人多做了 5 米灌注桩所消耗的钢筋及混凝土材料,发包人不予补偿。

(3) 工程计量的方法

监理人一般只对以下三方面的工程项目进行计量:工程量清单中的全部项目;合同文件中规定的项目;工程变更项目。一般可按照以下方法进行计量。

① 均摊法。所谓均摊法,就是对清单中某些项目的合同价款,按合同工期平均计量。如为监理人提供宿舍,保养测量设备,保养气象记录设备,维护工地清洁和整洁等。这些项目都有一个共同的特点,即每月均有发生,所以可以采用均摊法进行计量支付。例如,保养气象记录设备,每月发生的费用是相同的,如本项合同款额为 2000 元,合同工期为 20 个月,则每月计量、支付的款额为:2000 元÷20 月=100 元/月。

② 凭据法。所谓凭据法,就是按照承包人提供的凭据进行计量支付。如建筑工程险保险费、第三方责任险保险费、履约保证金等项目,一般按凭据法进行计量支付。

③ 估价法。所谓估价法,就是按合同文件的规定,根据监理人估算的已完成的工程价款支付。如为监理人提供办公设施和生活设施,为监理人提供用车,为监理人提供测量设备、天气记录设备、通信设备等项目。这类清单项目往往要购买几种仪器设备,当承包人对于某一项清单项目中规定购买的仪器设备不能一次购进时,则需采用估价法进行计量支付。其计量过程如下:

首先,按照市场的物价情况,对清单中规定购置的仪器设备分别进行估价;

其次,按下式计量支付金额:

$$F = A \cdot \frac{B}{D}$$

式中:$F$——支付的金额;

$A$——清单所列该项的合同金额;

$B$——该项实际完成的金额(按估算价格计算);

$D$——该项全部仪器设备的总估算价格。

从上式可知,该项实际完成的金额 $B$ 必须按估算各种设备的价格计算,它与承包人购进的价格无关;估算的总价与合同工程量清单的款额无关。

当然,估价的款额与最终支付的款额无关,最终支付的款额是合同清单中的款额。

④ 断面法。断面法主要用于取土坑或填筑路堤土方的计量,对于填筑土方工程,一般规定计量的体积为原地面线与设计断面所构成的体积。采用这种方法计量,在开工前承包人需测绘出原地形的断面,并需经工程师检查,作为计量的依据。

⑤ 图纸法。在工程量清单中,许多项目都采取按照设计图纸所示的尺寸进行计量。如混凝土构筑物的体积,钻孔桩的桩长等。

⑥ 分解计量法。所谓分解计量法,就是将一个项目,根据工序或部位分解为若干子项。对完成的各子项进行计量支付。这种计量方法主要是为了解决一些包干项目或较大的工程项目的支付时间过长,影响承包人的资金流动等问题。

(4) 支付程序

关于单价合同的计量程序,《建设工程施工合同(示范文本)》(GF-2017-0201)中约定如下。

① 承包人应于每月按约定日期向监理人报送上月已完成的工程量报告,并附工程进度付款申请单、已完成工程量报表和有关资料。

② 监理人应在收到承包人提交的工程量报告后约定的时间内,完成对承包人提交的工程量报表的审核并报送发包人,以确定当月实际完成的工程量。监理人对工程量有异议的,有权要求承包人进行共同复核或抽样复测。承包人应协助监理人进行复核或抽样复测,并按监理人要求提供补充计量资料。承包人未按监理人要求参加复核或抽样复测的,监理人复核或修正的工程量视为承包人实际完成的工程量。

③ 监理人未在收到承包人提交的工程量报表后的约定时间内完成审核的,承包人报送的工程量报告中的工程量视为承包人实际完成的工程量,据此计算工程价款。

同时《建设工程工程量清单计价规范》(GB 50500—2013)还有以下规定。

① 发包人认为需要进行现场计量核实时,应在计量前通知承包人,承包人应为计量提供便利条件并派人参加。双方均同意核实结果时,双方应在上述记录上签字确认。承包人收到通知后不派人参加计量,视为认可发包人的计量核实结果。发包人不按照约定时间通知承包人,致使承包人未能派人参加计量,计量核实结果无效。

② 当承包人认为发包人核实后的计量结果有误时,应在收到计量结果通知后向发包人提出书面意见,并附上其认为正确的计量结果和详细的计算资料。发包人收到书面意见后,应对承包人的计量结果进行复核后通知承包人。承包人对复核计量结果仍有异议的,按照

合同约定的争议解决办法处理。

　　③ 承包人完成已标价工程量清单中每个项目的工程量并经发包人核实无误后,发承包人应对每个项目的历次计量报表进行汇总,以核实最终结算工程量,并应在汇总表上签字确认。

　　【例 3-1】 "工程款支付报审表"范例。

　　工程款支付申请是施工单位根据项目监理机构对施工单位自验合格后且经项目监理机构验收合格经工程量计算应收工程款的申请书。工程款支付报审表是施工单位完成工程量后按照合同要求用于申报工程款的。详见表 3-1。

表 3-1  工程款支付报审表

工程名称：××学校学生公寓　　　　　　　　　　　　　　　　　　　　　编号：001

致：　××监理有限公司　（项目监理机构）

　　根据施工合同约定,我方已完成　基础工程　工作,建设单位应在　2016　年　7　月　20　日前支付工程款共计(大写)　壹佰贰拾万元整　（小写：　1200000 元　）,请予以核审。

　　附件：☑已完成工程量报表
　　　　　□工程竣工结算证明材料
　　　　　□相应支持性证明文件

施工项目经理部(盖章)<br>
项目技术负责人(签字) 汪金柏<br>
2016 年 7 月 10 日

审查意见：
　　1. 施工单位应得款为：1200000 元
　　2. 本期应扣款为：0 元
　　3. 本期应付款为：1200000 元
　　附件：相应支持性材料

专业监理工程师(签字) 曾飞华<br>
<br>
2016 年 7 月 15 日

审核意见：
经审核,应付工程款 1200000 元。

项目监理机构(盖章) 高展速本<br>
总监理工程师(签字、加盖执业印章)<br>
2016 年 7 月 10 日

审批意见：
同意支付工程款 1200000 元

建设单位(盖章)<br>
建设单位代表(签字) 王拉生<br>
2016 年 7 月 18 日

【例 3-2】 "工程款支付证书"范例。

工程款支付证书是承包单位根据合同规定,对已完工程或其他与工程有关的付款事宜,填报工程款支付申请,经项目监理机构审查确认工程计量和付款额无误后,由项目监理机构向建设单位转呈的支付证明书。

详见表 3-2 "工程款支付证书"样表。

表 3-2    工程款支付证书

工程名称：××学校学生公寓                                                                   编号：001

致：___××建设有限公司___（施工单位）

根据施工合同约定,经审核编号为___001___工程款支付报审表,扣除有关款项后,同意支付工程款共计(大写)

___壹佰贰拾万元整___（小写：___1200000 元___）。

其中：

1. 施工单位申报款为：1670000 元

2. 经审核施工单位应得款为：1200000 元

3. 本期应扣款为：0

4. 本期应付款为：1200000 元

附件：工程款支付报审表及附件

项目监理机构（盖章）
总监理工程师（签字、加盖执业印章）
××年 7 月 19 日

## 3.2.3    竣工结算

竣工结算是指一个建设项目或单项工程、单位工程全部竣工,发承包双方根据现场施工记录、设计变更通知书、现场变更鉴定、定额预算单价等资料,进行合同价款的增减或调整计算。

工程完工后,发承包双方必须在合同约定时间内办理工程竣工结算。工程竣工结算由承包人或受其委托具有相应资质的工程造价咨询人编制,由发包人或受其委托具有相应资质的工程造价咨询人核对。

**1. 竣工结算编制**

1）编制依据

（1）《建设工程工程量清单计价规范》（GB 50500—2013）；

（2）工程合同；

（3）发承包双方实施过程中已确认的工程量及结算的合同价款；

（4）发承包双方实施过程中已确认调整后追加（减）的合同价款；

（5）建设工程设计文件及相关资料；

（6）投标文件；

（7）其他依据。

2）工程竣工结算的计价原则

（1）分部分项工程和措施项目中的单价项目应依据双方确认的工程量与已标价工程量清单的综合单价计算；如发生调整的，应以发承包双方确认调整的综合单价计算。

（2）措施项目中的总价项目应依据已标价工程量清单的项目和金额计算；发生调整的，应以发承包双方确认调整的金额计算，其中安全文明施工费应按国家或省级、行业建设主管部门的规定计算。

（3）其他项目应按下列规定计价：

① 计日工应按发包人实际签证确认的事项计算；

② 暂估价应按计价规范相关规定计算；

③ 总承包服务费应依据已标价工程量清单的金额计算；发生调整的，应以发承包双方确认调整的金额计算；

④ 索赔费用应依据发承包双方确认的索赔事项和金额计算；

⑤ 现场签证费用应依据发承包双方签证资料确认的金额计算；

⑥ 暂列金额应减去工程价款调整（包括索赔、现场签证）金额计算，如有余额归发包人。

（4）规费和税金按国家或省级建设主管部门的规定计算。规费中的工程排污费应按工程所在地环境保护部门规定标准缴纳后按实列入。

（5）发承包双方在合同工程实施过程中已经确认的工程计量结果和合同价款，在竣工结算办理中应直接进入结算。

**2. 竣工结算的程序**

合同工程完工后，承包方应在经发承包双方确认的合同工程期中价款结算的基础上汇总编制完成竣工结算文件，并在合同约定的时间内，提交竣工验收申请的同时向发包人提交竣工结算文件。

承包人未在合同约定的时间内提交竣工结算文件，经发包人催告后仍未提交或没有明确答复的，发包人有权根据已有资料编制竣工结算文件，作为办理竣工结算和支付结算款的依据，承包人应予以认可。

发包人应在收到承包人提交的竣工结算文件后的约定时间内核对。发包人经核实，认为承包人还应进一步补充资料和修改结算文件，应在上述时限内向承包人提出核实意见，承包人在收到核实意见后的约定时间内按照发包人提出的合理要求补充资料，修改竣工结算文件，并应再次提交给发包人复核后批准。

发包人应在收到承包人再次提交的竣工结算文件后的约定时间内予以复核，并将复核结果通知承包人。若发承包双方对复核结果无异议的，应在约定时间内在竣工结算文件上签字确认，竣工结算办理完毕；若发包人或承包人对复核结果认为有误的，无异议部分按照上述规定办理不完全竣工结算；有异议部分由发承包双方协商解决；协商不成的，按照合同约定的争议解决方式处理。

发包人在收到承包人竣工结算文件后的约定时间内，不核对竣工结算或未提出核对意见的，应视为承包人提交的竣工结算文件已被发包人认可，竣工结算办理完毕。

承包人在收到发包人提出的核实意见后的约定时间内,不确认也未提出异议的,应视为发包人提出的核实意见已被承包人认可,竣工结算办理完毕。

发包人委托工程造价咨询人核对竣工结算的,工程造价咨询人应在约定时间内核对完毕,核对结论与承包人竣工结算文件不一致的,应提交给承包人复核;承包人应在约定时间内将同意核对结论或不同意见的说明提交工程造价咨询人。工程造价咨询人收到承包人提出的异议后,应再次复核,复核无异议的,在竣工结算文件上签字确认,竣工结算办理完毕。复核后仍有异议的,无异议部分办理不完全竣工结算;有异议部分由发承包双方协商解决,协商不成的,按照合同约定的争议解决方式处理。承包人逾期未提出书面异议,视为工程造价咨询人核对的竣工结算文件已被承包人认可。

对发包人或发包人委托的工程造价咨询人指派的专业人员与承包人指派的专业人员经核对后无异议并签名确认的竣工结算文件,除非发承包人能提出具体、详细的不同意见,发承包人都应在竣工结算文件上签名确认,如其中一方拒不签认的,按以下规定办理:

(1)若发包人拒不签认的,承包人可不提供竣工验收备案资料,并有权拒绝与发包人或其上级部门委托的工程造价咨询人重新核对竣工结算文件。

(2)若承包人拒不签认的,发包人要求办理竣工验收备案的,承包人不得拒绝提供竣工验收资料,否则,由此造成的损失,承包人承担相应责任。

合同工程竣工结算核对完成,发承包双方签字确认后,禁止发包人又要求承包人与另一个或多个工程造价咨询人重复核对竣工结算。

发包人以对工程质量有异议,拒绝办理工程竣工结算的,已竣工验收或已竣工未验收但实际投入使用的工程,其质量争议按该工程保修合同执行,竣工结算应按合同约定办理;已竣工未验收且未实际投入使用的工程以及停工、停建工程的质量争议,双方应就有争议的部分委托有资质的检测鉴定机构进行检测,根据检测结果确定解决方案,或按工程质量监督机构的处理决定执行后办理竣工结算,无争议部分的竣工结算按合同约定办理。

**3. 竣工结算的审查**

1)核对合同条款

首先,应核对竣工工程内容是否符合合同条件要求,工程是否竣工验收合格;其次,应按合同规定对工程竣工结算进行审核。

2)检查隐蔽验收记录

审查核对隐蔽工程施工记录和验收签证,检查手续是否完整,资料是否齐全,工程量与竣工图一致方可列入结算。

3)落实设计变更签证

设计修改变更应由原设计单位出具设计变更通知单和修改的设计图纸、校审人员签字并加盖公章,经发包人和监理工程师审查同意、签证;重大设计变更应经原审批部门审批,否则不应列入结算。

4)按图核实工程数量

竣工结算的工程量应依据竣工图、设计变更单和现场签证等进行核算,并按国家统一规定的计算规则计算工程量。

5)核对单价,防止各种计算误差

认真核对,防止误差、多计或少算。

#### 4. 竣工结算款支付

1）承包人提交竣工结算款支付申请

申请应包括下列内容：

（1）竣工结算合同价款总额；

（2）累计已实际支付的合同价款；

（3）应预留的质量保证金；

（4）实际应支付的竣工结算款金额。

2）发包人签发竣工结算支付证书与支付结算款

（1）发包人在收到承包人申请后予以核实，并签发支付证书，并按要求完成支付；

（2）发包人在收到承包人支付申请后约定时间内不予核实、不签发支付证书，视为认可，按要求完成支付；

（3）发包人未按照上述规定支付竣工结算款的，承包人可催告发包人支付，并有权获得延迟支付的利息；

（4）发包人已签发支付证书或收到承包人支付申请约定时间内仍未支付的，承包人可与发包人协商将该工程折价，或向法院申请拍卖。

## 3.2.4　质量保证金

发包人应按照合同约定的质量保证金比例从结算款中扣留质量保证金。承包人未按照合同约定履行属于自身责任的工程缺陷修复义务的，发包人有权从质量保证金中扣留用于缺陷修复的各项支出。

经查验，工程缺陷属于发包人原因造成的，应由发包人承担查验和缺陷修复的费用。

在合同约定的缺陷责任期终止后，发包人应按照合同中最终结清的相关规定，将剩余的质量保证金返还承包人。

当然，剩余质量保证金的返还，并不能免除承包人按照合同约定应承担的质量保修责任和应履行的质量保修义务。

## 3.2.5　最终结清

缺陷责任期终止后，承包人应按照合同约定向发包人提交最终结清支付申请。发包人对最终结清支付申请有异议的，有权要求承包人进行修正和提供补充资料。承包人修正后，应再次向发包人提交修正后的最终结清支付申请。发包人应在收到最终结清支付申请后的约定时间内予以核实，并应向承包人签发最终结清支付证书，并在签发最终结清支付证书后的约定时间内，按照最终结清支付证书列明的金额向承包人支付最终结清款。如果发包人未在约定的时间内核实，又未提出具体意见，视为承包人提交的最终结清支付申请已被发包人认可。

【例 3-3】　某承包人承包某工程项目，甲乙双方签订的关于工程价款的合同内容有：

（1）建筑安装工程造价 660 万元，建筑材料及设备费占施工产值的比重 60%；

（2）工程预付款为建筑安装工程造价的 20%。工程实施后，工程预付款从未施工工程尚需的主要材料及设备费相当于工程预付款数额时起扣,从每次结算工程价款中按材料和设备占施工产值的比重扣抵工程预付款,竣工前全部扣清;

(3)工程进度款逐月计算。

工程各月实际完成产值(不包括调价部分)如表 3-3 所示。

表 3-3　各月实际完成产值(万元)

| 月份 | 2月 | 3月 | 4月 | 5月 | 6月 | 合计 |
|------|-----|-----|-----|-----|-----|------|
| 完成产值 | 55 | 110 | 165 | 220 | 110 | 660 |

问题 1:该工程的工程预付款、起扣点为多少万元?

问题 2:该工程 2~5 月每月拨付工程款为多少万元? 累计工程款为多少万元?

【解】　(1)工程预付款:660×20%=132(万元);

起扣点:660-132÷60%=440(万元)。

(2)各月拨付工程款

2 月:工程款 55 万元,累计工程款=55(万元);

3 月:工程款 110 万元,累计工程款=55+110=165(万元);

4 月:工程款 165 万元,累计工程款=165+165=330(万元);

5 月:工程款 220-(220+330-440)×60%=154(万元);

累计工程款=330+154=484(万元)。

【例 3-4】　某项工程发包人与承包人签订了工程施工合同,合同中含两个子项工程,估算工程量甲项为 2300 立方米,乙项为 3200 立方米,经协商合同价甲项为 180 元/立方米,乙项为 160 元/立方米。承包合同规定:

(1)开工前发包人应向承包人支付合同价 20%的预付款;

(2)发包人自第 1 个月起,从承包人的工程款中,按 5%的比例扣留质量保证金;

(3)当子项工程实际工程量超过估算工程量 10%时,超过 10%的部分可进行调价,调整系数为 0.9;

(4)根据市场情况规定价格调整系数平均按 1.2 计算;

(5)监理工程师签发付款最低金额为 25 万元;

(6)预付款在最后两个月扣除,每月扣 50%。

承包人各月实际完成并经监理工程师签证确认的工程量如表 3-4 所示。

表 3-4　承包人各月实际完成并经监理工程师签证确认的工程量(立方米)

| 月份 | 1月 | 2月 | 3月 | 4月 |
|------|-----|-----|-----|-----|
| 甲项 | 500 | 800 | 800 | 600 |
| 乙项 | 700 | 900 | 800 | 600 |

问题 1:预付款是多少万元?

问题 2:每月工程量价款是多少万元? 监理工程师应签证的工程款是多少万元? 实际签发的付款凭证金额是多少万元?

【解】　(1)预付款金额为(2300×180+3200×160)×20%÷10000=18.52(万元)。

（2）1月：

工程量价款为（500×180＋700×160）÷10000＝20.2（万元）；

应签证的工程款为20.2×1.2×（1－5%）＝23.028（万元）；

由于合同规定监理工程师签发的最低金额为25万元，故本月监理工程师不予签发付款凭证。

2月：

工程量价款为（800×180＋900×160）÷10000＝28.8（万元）；

应签证的工程款为28.8×1.2×（1－5%）＝32.832（万元）；

本月实际签发的付款凭证金额为23.028＋32.832＝55.860（万元）。

3月：

工程量价款为（800×180＋800×160）÷10000＝27.2（万元）；

应签证的工程款为27.2×1.2×（1－5%）＝31.008（万元）；

应签证的工程款为31.008－18.52×50%＝21.748（万元）；

由于未达到最低结算金额，故本月监理工程师不予签发付款凭证。

4月：

2300×（1＋10%）＝2530（立方米）；

甲项工程累计完成工程量为2700立方米，较估计工程量2300立方米差额大于10%；

超过10%的工程量为2700－2530＝170（立方米）；

其单价应调整为180×0.9＝162（元/立方米）；

故甲项工程量价款为［（600－170）×180＋170×162］÷10000＝10.494（万元）；

乙项工程累计完成工程量为3000立方米，与估计工程量相差未超过10%，故不予调整；

乙项工程量价款为600×160÷10000＝9.6（万元）；

本月完成甲、乙两项工程量价款为10.494＋9.6＝20.094（万元）；

应签证的工程款为20.094×1.2×（1－5%）－18.52×50%＝13.647（万元）；

本期实际签发的付款凭证金额为21.748＋13.647＝35.395（万元）。

【例3-5】　某工程，发包人与承包人按照《建设工程施工合同（示范文本）》签订了施工合同，合同工期9个月，合同价840万元，各项工作均按最早时间安排且均匀速施工，经项目监理机构批准的施工进度计划如图3-3所示，承包人的报价单（部分）见表3-5。施工合同中约定：预付款按合同价的20%支付，工程款付至合同价的50%时开始扣回预付款，3个月内平均扣回；质量保证金为合同价的5%，从第1个月开始，按月应付款的10%扣留，扣足为止。

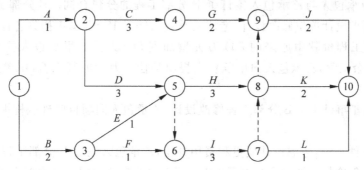

图3-3　施工进度计划（时间单位：月）

表 3-5　承包人报价单(部分)　　　　　　　　　　　　单位：万元

| 月份 | A 月 | B 月 | C 月 | D 月 | E 月 | F 月 |
|---|---|---|---|---|---|---|
| 合同价 | 30 | 54 | 30 | 84 | 300 | 21 |

问题 1：开工后前 3 个月承包人每月应获得的工程款为多少万元？

问题 2：工程预付款为多少万元？预付款从何时开始扣回？开工后前 3 个月总监理工程师每月应签证的工程款为多少万元？

【解】 (1) 开工后前 3 个月承包人每月应获得的工程款：

第 1 个月：$30+54\times\frac{1}{2}=57$(万元)；

第 2 个月：$54\times\frac{1}{2}+30\times\frac{1}{3}+84\times\frac{1}{3}=65$(万元)；

第 3 个月：$30\times\frac{1}{3}+84\times\frac{1}{3}+300+21=359$(万元)。

(2) ① 预付款：$840\times20\%=168$(万元)；

② 前 3 个月承包人累计应获得的工程款：

$57+65+359=481$(万元)；

$481>840\times50\%=420$(万元)，因此，预付款应从第 3 个月开始扣回。

③ 开工后前 3 个月总监理工程师签证的工程款：

第 1 个月：$57-57\times10\%=51.3$(万元)；

第 2 个月：$65-65\times10\%=58.5$(万元)；

前 2 个月扣留保证金$(57+65)\times10\%=12.2$(万元)；

应扣保证金总额为 $840\times5\%=42$(万元)；

$42-12.2=29.8$(万元)；

由于 $359\times10\%=35.9$(万元)$>29.8$(万元)；

所以第 3 个月应签证的工程款：$359-29.8-\frac{168}{3}=273.2$(万元)。

【例 3-6】 某工程，甲承包人按照施工合同约定，拟将 B 分部工程分包给乙承包人，经总监理工程师批准的工期为 75 天且工作匀速进展。

工程施工过程中发生以下事件。

事件 1：甲承包人与乙承包人签订了 B 分部工程的分包合同。B 分部工程开工 45 天后，建设单位要求设计单位修改设计，造成乙承包人停工 15 天，窝工损失合计 8 万元。修改设计后，B 分部工程价款由原来的 500 万元增加到 560 万元。甲承包人要求乙承包人在 30 天内完成剩余工程，乙承包人向甲承包人提出补偿 3 万元的赶工费，甲单位确认了赶工补偿。

事件 2：由于事件 1 中 B 分部工程修改设计，乙承包人向项目监理机构提出工程延期的要求。

问题 1：事件 1 中，考虑设计变更和费用补偿，乙承包人完成 B 分部工程每月(按 30 天计)应获得的工程价款分别为多少万元？B 分部工程的最终合同价款为多少万元？

问题2：事件2中,乙承包人的做法有何不妥? 写出正确做法。

**【解】** (1) B分部工程第1个月应得的工程价款：500÷75×30＝200(万元)；

B分部工程第2个月应得的工程价款：500÷75×15＋8＝108(万元)；

B分部工程第3个月应得的工程价款：500÷75×30＋(560－500)＋3＝263(万元)；

B分部工程的最终工程价款：200＋108＋263＝571(万元)。

(2) 乙承包人的做法不妥之处：乙承包人向项目监理机构提出工程延期的申请。正确做法：乙承包人向甲承包人提出工程延期申请,甲承包人再向项目监理机构提出工程延期申请。

# 3.3　建设工程变更、索赔价格确定与现场签证

## 3.3.1　工程变更

### 1. 工程变更处理程序

(1) 总监理工程师组织专业监理工程师审查承包人提出的工程变更申请,提出审查意见。

(2) 总监理工程师组织专业监理工程师对工程变更费用及工期影响作出评估。

(3) 总监理工程师组织发包人、承包人等共同协商确定工程变更费用、工期变更费用及工期变化。

(4) 项目监理机构根据批准的工程变更文件督促承包人实施工程变更。

### 2. 工程变更价款的确定

(1) 已标价工程量清单项目(及其工程数量发生变化的调整)：《建设工程工程量清单计价规范》(GB 50500—2013)规定：

采用该项目的单价；且工程量增加超过15%时,其增加部分的工程量的综合单价应予调低；当工程量减少超过15%以上时,减少后剩余部分的工程量的综合单价应予调高。

(2) 已标价工程量清单中没有适用,但有类似于变更工程项目的,可参照类似项目的单价。

(3) 已标价工程量清单中没有适用和类似于变更工程项目的,由承包人根据变更工程资料、计量规则和计价办法、工程造价管理机构发布的信息价格和承包人报价浮动率提出变更工程项目的单价,报发包人确认后调整。公式计算如下。

① 招标工程

$$承包人报价浮动率 L＝(1－中标价÷招标控制价)×100\%$$

② 非招标工程

$$承包人报价浮动率 L＝(1－报价值÷施工图预算)×100\%$$

(4) 已标价工程量清单中没有适用也没有类似于变更工程项目,且工程造价管理机构发布的信息价格缺价的,由承包人根据变更工程资料、计量规则、计价办法和通过市场调查等取得有合法依据的市场价格提出变更工程项目的单价,报发包人确认后调整。

（5）措施项目费的调整。工程变更引起施工方案改变并使措施项目发生变化时，承包人提出调整措施项目费的，应事先详细说明与原方案措施的变化情况，将拟实施的方案提交发包人确认后执行，并应按照下列规定调整措施项目费：

① 安全文明施工费按照实际发生变化的措施项目调整，不得浮动；

② 采用单价计算的措施项目费，按照实际发生变化的措施项目及前述已标价工程量清单项目的规定确定单价；

③ 按总价（或系数）计算的措施项目费，按照实际发生变化的措施项目调整，但应考虑承包人报价浮动因素。

如果承包人未事先将拟实施的方案提交给发包人确认，则视为工程变更不引起措施项目费的调整或承包人放弃调整措施项目费的权利。

### 3.3.2 施工索赔

**1. 索赔的主要类型**

1）承包人向发包人的索赔

（1）不利的自然条件与人为障碍引起的索赔；

（2）工程变更引起的索赔；

（3）工期延期的费用索赔；

（4）加速施工费用的索赔；

（5）发包人不正当地终止工程而引起的索赔；

（6）法律、货币及汇率变化引起的索赔；

（7）拖延支付工程款的索赔；

（8）业主的风险；

（9）不可抗力。

2）发包人向承包人的索赔

（1）工期延误索赔；

（2）质量不满足合同要求索赔；

（3）承包人不履行的保险费用索赔；

（4）对超额利润的索赔；

（5）发包人合理终止合同或承包人不正当地放弃工程的索赔。

**2. 索赔费用的组成**

1）分部分项工程量清单费用

工程量清单漏项或非承包人原因的工程变更，造成增加新的工程量清单项目，其对应的综合单价的确定参见工程变更价款的确定原则。

（1）人工费。人工费的索赔包括：

① 完成合同之外的额外工作所花费的人工费用；

② 由于非承包人责任的工效降低所增加的人工费用；

③ 超过法定工作时间加班增加的费用；

④ 法定人工费增长以及非承包人责任工程延误导致的人员窝工费和工资上涨费等。

（2）材料费。材料费的索赔包括：

① 由于索赔事项材料实际用量超过计划用量而增加的材料费；

② 由于客观原因材料价格大幅度上涨；

③ 由于非承包人责任工程延误导致的材料价格上涨和超期储存费用。

材料费中应包括运输费、仓储费，以及合理的损耗费用。如果由于承包人管理不善，造成材料损坏失效，则不能列入索赔计价。

（3）施工机具使用费。施工机具使用费的索赔包括：

① 由于完成额外工作增加的机械、仪器仪表使用费；

② 非承包人责任工效降低增加的机械、仪器仪表使用费；

③ 由于发包人或监理工程师原因导致机械、仪器仪表停工的窝工费。窝工费的计算，如系租赁设备，一般按实际租金和调进调出费的分摊计算；如系承包人自有设备，一般按台班折旧费计算，而不能按台班费计算，因台班费中包括了设备使用费。

（4）管理费。此项又可分为现场管理费和总部管理费两部分。索赔款中的现场管理费是指承包人完成额外工程、索赔事项工作以及工期延长期间的现场管理费，包括管理人员工资、办公、通信、交通费等。索赔款中的总部管理费主要指的是工程延期期间所增加的管理费。包括总部职工工资、办公大楼、办公用品、财务管理、通信设施以及企业领导人员赴工地检查指导工作等开支。这项索赔款的计算，目前没有统一的方法。在国际工程施工索赔中总部管理费的计算有以下几种。

① 按照投标书中总部管理费的比率（3%~8%）计算：

$$总部管理费=合同中总部管理费比率（\%）×（人、料、机费用索赔款额+$$
$$现场管理费索赔款额等）$$

② 按照公司总部统一规定的管理费比率计算：

$$总部管理费=公司管理费比率（\%）×（人、料、机费用索赔款额+$$
$$现场管理费索赔款额等）$$

③ 以工程延期的总天数为基础，计算总部管理费的索赔额，计算步骤如下：

$$对某一工程提取的管理费=\frac{同期内公司的总管理费×该工程的合同额}{同期内公司的总合同额}$$

$$该工程的每日管理费=\frac{该工程向总部上缴的管理费}{合同实施天数}$$

$$索赔的总部管理费=该工程的每日管理费×工程延期的天数$$

（5）利润。一般来说，由于工程范围的变更、文件有缺陷或技术性错误、发包人未能提供现场等引起的索赔，承包人可以列入利润。但对于工程暂停的索赔，由于利润通常是包括在每项实施工程内容的价格之内的，而延长工期并未影响削减某些项目的实施，也未导致利润减少。所以，一般监理工程师很难同意在工程暂停的费用索赔中加进利润损失。索赔利润的款额计算通常是与原报价单中的利润百分率保持一致。

（6）迟延付款利息。发包人未按约定时间进行付款的，应按银行同期贷款利率支付迟延付款的利息。

在不同的索赔事件中可以索赔的费用是不同的，根据国家发改委、财政部、住房和城乡建设部等 9 部委第 56 号令发布的《标准施工招标文件》中通用条款的内容,可以合理补偿承包人索赔的条款如表 3-6 所示。

表 3-6　《标准施工招标文件》中合同条款规定的可以合理补偿承包人索赔的条款

| 序号 | 条款号 | 主 要 内 容 | 可补偿内容 | | |
|---|---|---|---|---|---|
| | | | 工期 | 费用 | 利润 |
| 1 | 1.10.1 | 施工过程中发现文物、古迹以及其他遗迹、化石、钱币或物品 | √ | √ | |
| 2 | 4.11.2 | 承包人遇到不利物质条件 | √ | √ | |
| 3 | 5.2.4 | 发包人要求向承包人提前交付材料和工程设备 | | √ | |
| 4 | 5.2.6 | 发包人提供的材料和工程设备不符合合同要求 | √ | √ | √ |
| 5 | 8.3 | 发包人提供资料错误导致承包人的返工或造成工程损失 | √ | √ | √ |
| 6 | 11.3 | 发包人的原因造成工期延误 | √ | √ | √ |
| 7 | 11.4 | 异常恶劣的气候条件 | √ | | |
| 8 | 11.6 | 发包人要求承包人提前竣工 | | √ | |
| 9 | 12.2 | 发包人原因引起的暂停施工 | √ | √ | √ |
| 10 | 12.4.2 | 发包人原因引起造成暂停施工后无法按时复工 | √ | √ | √ |
| 11 | 13.1.3 | 发包人原因造成工程质量达不到合同约定验收标准的 | √ | √√ | √ |
| 12 | 13.5.3 | 监理人对隐蔽工程重新检查,经检验证明工程质量符合合同要求的 | √ | √ | √ |
| 13 | 16.2 | 法律变化引起的价格调整 | | √ | |
| 14 | 18.4.2 | 发包人在全部工程竣工前,使用已接受的单位工程导致承包人费用增加的 | √ | √ | √ |
| 15 | 18.6.2 | 发包人的原因导致试运行失败的 | | √ | √ |
| 16 | 19.2 | 发包人的原因导致工程缺陷和损失 | | √ | √ |
| 17 | 21.3.1 | 不可抗力 | √ | | |

　2) 措施项目费用

因分部分项工程量清单漏项或非承包人原因的工程变更,引起措施项目发生变化,造成施工组织设计或施工方案变更,造成措施费中发生变化时,已有的措施项目,按原有措施费的组价方法调整;原措施费中没有的措施项目,由承包人根据措施项目变更情况,提出适当的措施费变更,经发包人确认后调整。

　3) 其他项目费

其他项目费中所涉及的人工费、材料费等按合同的约定计算。

　4) 规费与税金

除工程内容的变更或增加外,承包人可以列入相应增加的规费与税金。其他情况一般不能索赔。

索赔规费与税金的款额计算通常是与原报价单中的百分率保持一致。

**3. 索赔费用的计算方法**

1）实际费用法

实际费用法是施工索赔时最常用的一种方法。该方法是按照各索赔事件所引起损失的费用项目分别分析计算索赔值，然后将各个项目的索赔值汇总，即可得到总索赔费用值。这种方法以承包人为某项索赔工作所支付的实际开支为根据，但仅限于由于索赔事件引起的，超过原计划的费用，故也称额外成本法。在这种计算方法中，需要注意的是不要遗漏费用项目。

2）总费用法

总费用法即总成本法，就是当发生多次索赔事件以后，重新计算该工程的实际总费用，实际总费用减去投标报价时的估算总费用，即为索赔金额，即：

$$索赔金额＝实际总费用－投标报价估算总费用$$

但这种方法对发包人不利，因为实际发生的总费用中可能有承包人的施工组织不合理因素。承包人在投标报价时为竞争中标而压低报价，中标后通过索赔可以得到补偿。所以这种方法只有在难以采用实际费用法时采用。

3）修正的总费用法

修正的总费用法是对总费用法的改进，即在总费用计算的基础上，去掉一些不合理的因素，使其更合理。

修正的内容如下：

（1）将计算索赔款的时段局限于受到外界影响的时间，而不是整个施工期。

（2）只计算受影响时段内的某项工作所受影响的损失，而不是计算该时段内所有施工工作所受的损失。

（3）与该项工作无关的费用不列入总费用中。

（4）对投标报价费用重新进行核算。按受影响时段内该项工作的实际单价进行核算，乘以实际完成的该项工作的工程量，得出调整后的报价费用。

按修正后的总费用计算索赔金额的公式如下：

$$索赔金额＝某项工作调整后的实际总费用－该项工作调整后的报价费用$$

修正的总费用法与总费用法相比，有了实质性的改进，它的准确程度已接近于实际费用法。

《建设工程施工合同（示范文本）》（GF-2017-0201）。通用条款第十九条规定："发承包双方都应在知道或应当知道索赔事件发生后28天内，向监理人递交索赔意向通知书，并明确规定，如当事人未在28天内对索赔事项提出书面的索赔通知，视为该项索赔的权利已经丧失。"

**【例 3-7】** 索赔意向通知书。

项目监理机构应及时收集、整理有关工程费用的原始资料，为处理费用索赔提供证据，见表 3-7。项目监理机构处理费用索赔的主要依据应包括下列内容：

（1）法律法规。

（2）勘察设计文件、施工合同文件。

（3）工程建设标准。

（4）索赔事件的证据。

表 3-7  索赔意向通知书

工程名称：××学校学生公寓 编号：001

致：××学校

　　根据施工合同＿＿10 条＿＿ 10.2 ＿条款约定，由于发生了＿＿台风＿＿事件，且该事件的发生非我方原因所致。为此，我方向（单位）提出索赔要求。


　　附件：索赔事件资料

提出单位（盖章）<br>
负责人（签字）<br>
2015 年 ×× 月 ×× 日

**【例 3-8】** 费用索赔报审表。

费用索赔报审表是承包单位向建设单位提出索赔的报审，提请项目监理机构审查、确认和批复，包括工期索赔和费用索赔等。费用索赔分为承包商向业主的索赔和业主向承包商的索赔，本表主要用于承包商向业主的索赔。见表 3-8。

（1）费用索赔的依据

① 国家有关的法律、法规和工程项目所在地的地方法规；

② 本工程的施工合同文件；

③ 国家、部门和地方有关的标准、规范和定额；

④ 施工合同履行过程中与索赔事件有关的凭证。

（2）项目监理机构受理施工单位提出的费用索赔的条件

① 索赔事件造成了施工单位的直接经济损失；

② 索赔事件是由于非施工单位的责任发生的；

③ 施工单位已按照施工合同规定的期限和程序提交《费用索赔申请表》，并附有索赔凭证材料。

（3）费用索赔管理的基本程序

① 施工单位在施工合同规定的期限内向项目监理机构提交对建设单位的《费用索赔申请表》；

② 总监理工程师初步审查《费用索赔申请表》，符合《建设工程监理规范》（GB/T

50319—2013)所规定的条件时予以受理;

③ 总监理工程师进行费用索赔审查,并在初步确定一个额度后,与施工单位和建设单位进行协商;

④ 总监理工程师应在施工合同规定的期限内签署《费用索赔审批表》,或在施工合同规定的期限内发出要求施工单位提交有关索赔报告的进一步详细资料的通知,待收到施工单位提交的详细资料后,再按以上程序进行。

⑤ 当施工单位的费用索赔要求与工程延期要求相关联时,总监理工程师在作出费用索赔的批准决定时,应与工程延期的批准联系起来,综合作出费用索赔和工程延期决定。

表 3-8 费用索赔报审表

工程名称:××学校学生公寓            编号:001

致: ××监理有限公司 （项目监理机构）

     根据施工合同 10 条 10.2 条款,由于 台风影响 的原因,我方申请索赔金额(大写) 贰拾万元 ,请予批准。

     索赔理由: 台风期间搅拌机损坏

     附件:□索赔金额计算
            ☑证明材料

                    施工项目经理部(盖章)
                    项目经理(签字)
                    2015 年 7 月 20 日

审核意见:
□不同意此项索赔。
☑同意此项索赔,索赔金额为(大写) 贰拾万元整
     同意/不同意索赔的理由: 不可预见因素导致施工设备损坏

     附件:☑索赔审查报告

                    项目监理机构(盖章)
                    总监理工程师(签字、加盖执业印章)
                    2015 年 7 月 25 日

审批意见:
同意上述索赔申请

                    建设单位(盖章)
                    建设单位代表(签字)
                    2015 年 7 月 28 日

### 3.3.3 现场签证

**1. 概念**

现场签证是在施工过程中遇到问题时,由于报批需要时间,所以在施工现场由现场负责

人当场审批的一个过程。它是发包人现场代表(或其授权的监理人、工程造价咨询人)与承包人现场代表对各种施工因素和施工条件发生变化而作出的一种必要真实记录;也是按合同约定,对合同价款之外可转化为价款责任事件所作的签认证明。

施工现场签证是对整个工程项目的某些施工情况作出变更、补充、修改等一系列调整的书面行为,同时也是对原施工承包合同的一种逐步完善,使原施工承包合同在工期、开工条件、价款、工程量增减、工程质量、工程设计、原材料、设备、场地、资金、施工条件、施工图纸、技术资料等方面的具体合同条款更加完备和更加具有操作性的备忘书面文件。

**2. 现场签证的程序**

(1)承包人应发包人要求完成合同以外的零星项目、非承包人责任事件等工作的,发包人应以书面形式向承包人发出指令,提供所需的相关资料。承包人在收到指令后,应及时向发包人提出现场签证要求。

(2)承包人应在收到发包人指令后的7天内,向发包人提交现场签证报告,发包人应在收到现场签证报告后的48小时内对报告内容进行核实,予以确认或提出修改意见。发包人在收到承包人现场签证报告后的48小时内未确认也未提出修改意见的,视为承包人提交的现场签证报告已被发包人认可。

(3)现场签证的工作如已有相应的计日工单价,现场签证中应列明完成该类项目所需的人工、材料与工程设备和施工机械台班的数量。

如现场签证的工作没有相应的计日工单价,应在现场签证报告中列明完成该签证工作所需的人工、材料与工程设备和施工机械台班的数量及其单价。

(4)合同工程发生现场签证事项,未经发包人签证确认,承包人便擅自施工的,除非征得发包人书面同意,否则发生的费用由承包人承担。

(5)现场签证工作完成后的7天内,承包人应按照现场签证内容计算价款,报送发包人确认后,作为增加合同价款,与进度款同期支付。

(6)在施工过程中,当发现合同工程内容因场地条件、地质水文、发包人要求等不一致时,承包人应提供所需的相关资料,提交发包人签证认可,作为合同价款调整的依据。

**3. 现场签证的情形**

(1)发包人的口头指令,需要承包人将其提出,由发包人转换成书面签证;

(2)发包人的书面通知如涉及工程实施,需要承包人就完成此通知需要的人工、材料与工程设备等内容向发包人提出,取得发包人的签证确认;

(3)合同工程招标工程量清单中已有,但施工中发现与其不符,比如土方类别等,需承包人及时向发包人提出签证确认,以便调整合同价款;

(4)由发包人原因,未按合同约定提供场地、材料与工程设备或停水、停电等造成承包人停工,需承包人及时向发包人提出签证确认,以便计算索赔费用;

(5)合同中约定的材料等价格由于市场发生变化,需承包人向发包人提出采购数量及单价,以取得发包人的签证确认。

**4. 现场签证的范围**

(1)适用于施工合同范围以外零星工程的确认;

(2)在工程施工过程中发生变更后需要现场确认的工程量;

(3)非承包人原因导致的人工、设备窝工及有关损失;

（4）符合施工合同规定的非承包人原因引起的工程量或费用增减；

（5）确认修改施工方案引起的工程量或费用增减；

（6）工程变更导致的工程施工措施费增减等。

**5．现场签证费用的计算**

现场签证费用的计价方式包括两种。

第一种是完成合同以外的零星工作时，按计日工作单价计算。此时提交现场签证费用申请时，应包括下列证明材料：

（1）工作名称、内容和数量；

（2）投入该工作所有人员的姓名、工种、级别和耗用工时；

（3）投入该工作的材料类别和数量；

（4）投入该工作的施工设备型号、台数和耗用台时；

（5）监理人要求提交的其他资料和凭证。

第二种是完成其他非承包人责任引起的事件，应按合同中的约定计算。

现场签证种类繁多，发承包双方在工程施工过程中来往信函就责任事件的证明均可称为现场签证，但并不是所有的签证均可马上计算出价款。有的需要经过索赔程序，这时的签证仅是索赔的依据，有的签证可能根本不涉及价款。表3-9仅是针对现场签证需要价款结算支付的一种，其他内容的签证也可适用。考虑到招标时招标人对计日工项目的预估难免会有遗漏，造成实际施工发生后，无相应的计日工单价，现场签证只能包括单价一并处理，因此，在汇总时，有计日工单价的，可归并于计日工；如无计日工单价的，可归并于现场签证，以示区别。当然，现场签证全部汇总于计日工也是一种可行的处理方式。

表3-9　现场签证表

工程名称：××中学教学楼工程　　　　　　　　　　　标段：　编号：002

| 施工部分 | 学校指定位置 | 日期 | ××××年××月××日 |
| --- | --- | --- | --- |

致：　××中学住宅建设办公室

根据　×××　2013年8月25日的口头指令，我方要求完成此项工作应支付价款金额为（大写）　贰仟伍佰元整　（小写　2500.00　元），请予核准。

附：1．签证事由及原因：为迎接新学期的到来，改变校容、校貌，学校新增5座花池；

2．附图及计算式（略）。

承包人（章）略

承包人代表：×××

日期：　××××年××月××日

| 复核意见：<br>你方提出的此项签证申请经复核：<br>□不同意此项签证，具体意见见附件。<br>□同意此项签证，签证余额的计算，由造价工程师复核。<br><div align="right">监理工程师：×××<br>日期：××××年××月××日</div> | 复核意见：<br>□此项签证按承包人中标的计日工单价计算，金额为（大写）　贰仟伍佰元整　（小写　2500.00　元）。<br>□此项签证因无计日工单价，金额为（大写）（小写）。<br><div align="right">造价工程师：×××<br>日期：××××年××月××日</div> |
| --- | --- |

| 施工部分 | 学校指定位置 | 日期 | ××××年××月××日 |
|---|---|---|---|

审核意见

　　□不同意此项签证。

　　□同意此项签证,价款与本期进度款同期支付。

发包人(章)略

发包人代表:×××

日期:××××年××月××日

　　注:1. 在选择栏中的"□"内做标识"√";

　　　　2. 本表一式四份,由承包人在收到发包人(监理人)的口头或书面通知后,需要价款结算支付时填写,发包人、监理人、造价咨询人、承包人各存一份。

### 6. 现场签证的注意点

（1）时效性问题

　　监理工程师应做好变更签证的时效性,避免事隔多日才补办签证,导致现场签证内容与实际不符的情况发生。此外,应加强工程变更的责任及审批手续的管理控制,防止签证随意性以及无正当理由拖延和拒签现象。

　　例如,某工程对镀锌钢管价格的确认,既没有标明签署时间,也没有施工发生的时间。按照当地造价信息公布的市场指导价,5月DN5镀锌钢管单价与7月的单价相差150元。合同约定竣工结算时此材料按公布的市场指导价执行,施工企业取7月的镀锌钢管单价增加了价款。如地下障碍物以及建好需拆除的临时工程,承包人等拆除后再签证,靠回忆签字。

（2）重复计量问题

　　某些现场签证没有考虑单元工程中已给的工程量。

（3）要掌握标书中对计日工的规定

　　监理工程师在审核工程量时,查阅了招标文件中对计日工中施工机械使用费单价的规定,其中对于施工机械使用费是这样规定的:"施工机械使用费的单价除包括机械折旧费、修理费、保养费、机上人工费和燃料动力费、牌照税、车船使用税、养路费外,还应包括分摊的其他人工费、材料费、其他费用和税金等一切费用和利润。"按照规定:施工机械使用费中已包含了人工费和燃料动力费。因此人工费和燃料动力费的申报就属于重复计量了。

# 单元3 能力训练

　　针对浙江建设职业技术学院2号学生公寓施工中施工方申报的一些事件和索赔要求,确定其原因分类,作出必要的事实认定、避损要求和处理建议,在此基础上编写浙江建设职业技术学院2号学生公寓施工索赔的监理初审报告。

### 1. 训练背景

　　能力训练背景见表3-10。

表 3-10 单元 3 能力训练背景

| 时间 | 事件 | 因素 | 费用/元 | 主体行为及证明 | | | 备注 |
|---|---|---|---|---|---|---|---|
| | | | | 施工 | 建设 | 监理 | |
| 2007/4/28 | 场内高压线及坟墓未拆迁 | 发包人原因 | | 采取行为止损,并申请得到下步工作计划 | 以监理意见为准,具体复工时间,闲着费用待定 | 经审核,同意施工方意见 | |
| 2007/6/4 | 高压线未搬迁 | 发包人原因 | 829953.2 | 采取行为止损,并申请得到下步工作计划 | 以监理意见为准,具体复工时间,闲着费用待定 | 经审核,同意施工方意见 | |
| 2007/8/10 | 厂房及宾馆未能按时拆迁 | 发包人原因 | | 采取行为止损,并申请得到下步工作计划 | 以监理意见为准,具体复工时间,闲着费用待定 | 经审核,同意施工方意见 | |
| 2007/10/25 | 指挥部通知:设计方案变更 | 设计变更原因 | | 采取行为止损,并申请得到下步工作计划 | 以监理意见为准,具体复工时间,闲着费用待定 | 经审核,同意施工方意见 | |
| 2008/10/12 | 4号、5号楼交接处厂房拆除未完成 | 发包人原因 | 126588.27 | 考虑有关设备和人员闲置问题 | 同意监理单位意见 | 情况属实,并做好周转材料,机械设备及人员避损安置工作 | 人工遣散工期没有明确 |
| 2009/6/25 | 裕华公寓小区居民投诉施工对小区造成安全隐患,建设单位未办理施工许可证 | 发包人原因 | 2061480.17 | 希望指挥部领导能考虑工期及有关材料,设备,人员安置费用损失的问题 | 同意监理单位意见 | 情况属实,并做好周转材料,机械设备及人员避损安置工作 | |
| 2010/10/8 | 人工费上涨问题 | 国家政策原因 | 1886037 | 停工补偿法案专家会议纪要中第五条,停工期间监理费用(劳务费用)根据监理合同有关条款,并结合现场实际,给予适当补助 | 按 2010 年 5 月人工费占工程总造价比例调整人工价格指数,一次性调整补偿,今后不做调整 | / | |

**2. 训练步骤和方法**

（1）认真全面了解施工方索赔事件。

（2）对事件进行分析，对照教材中对索赔原因的分类，作出原因认定。

（3）对影响原因、结论和费用的证据材料进行确认，签署监理意见。

（4）对施工索赔事件可能继续发生、甚至扩大的损失，进行比较分析，提出监理的避损要求。

（5）编制监理初审报告。

**3. 训练成果格式**

训练成果格式同工期索赔报告。

# 参 考 文 献

［1］ 建设工程施工合同(示范文本)GF-2017-0201编委会.建设工程施工合同(示范文本)GF-2017-0201使用指南［M］.北京：中国建筑工业出版社,2018.

［2］ 中国建设监理协会.建设工程合同管理［M］.北京：中国建筑工业出版社,2014.

［3］ 中国建设监理协会.建设工程投资控制［M］.北京：中国建筑工业出版社,2014.

［4］ 全国招标师职业水平考试辅导教材指导委员会.招标采购专业实物［M］.北京：中国计划出版社,2012.

［5］ 建设部政策法规司.建设系统合同示范文本汇编［M］.北京：中国建筑工业出版社,2001.

［6］ 中国工程咨询协会.菲迪克(FIDIC)合同指南［M］.北京：机械工业出版社,2003.

［7］ 王雪青.建设工程经济［M］.北京：中国建筑工业出版社,2011.

［8］ 陈正,陈志钢.建筑工程招投标与合同管理实务［M］.北京：电子工业出版社,2015.

［9］ 吴芳,冯宁.工程招投标与合同管理［M］.北京：北京大学出版社,2014.

［10］ 赵兴军,于英慧.工程招标投标与合同管理［M］.北京：北京理工大学出版社,2017.

［11］ 董巧婷.施工招投标与合同管理［M］.北京：中国铁道出版社,2015.

［12］ 韩明.工程建设法规［M］.天津：天津大学出版社,2014.

［13］ 刘树红,王岩.建设工程招投标与合同管理［M］.北京：北京理工大学出版社,2017.

［14］ 杨春香,李伙穆.工程招投标与合同管理［M］.北京：中国计划出版社,2011.

［15］ 何伯森.国际工程合同与合同管理［M］.北京：中国建筑工业出版社,2010.